Michael Büker

Was soll schon schiefgehen?

30 abenteuerliche
physikalische Experimente
und wie sie die Welt veränderten

WILHELM HEYNE VERLAG
MÜNCHEN

Sollte diese Publikation Links auf Webseiten Dritter enthalten, so übernehmen wir für deren Inhalte keine Haftung, da wir uns diese nicht zu eigen machen, sondern lediglich auf deren Stand zum Zeitpunkt der Erstveröffentlichung verweisen.

Penguin Random House Verlagsgruppe FSC® N001967

Taschenbucherstausgabe 04/2022

Copyright © & ® 2022 Lizenz der Marke P.M. durch
Gruner + Jahr Deutschland GmbH – Alle Rechte vorbehalten –
Der Wilhelm Heyne Verlag, München,
ist ein Verlag der Penguin Random House Verlagsgruppe GmbH,
Neumarkter Straße 28, 81673 München
Redaktion: Marie Melzer
Umschlaggestaltung: Eisele Grafik Design
unter Verwendung eines Motives von: Eisele Grafik Design
Illustrationen: Eisele Grafik Design
Satz: Satzwerk Huber, Germering
Druck: GGP Media GmbH, Pößneck
Printed in Germany
ISBN: 978-3-453-60576-3

www.heyne.de

*Für Opa Jürgen,
der nie um eine gute Geschichte
verlegen ist*

Inhalt

Vorwort 15

1. Forschung mit allen Mitteln 18
Dem Klischee zufolge hantieren Wissenschaftlerinnen und Wissenschaftler mit Reagenzgläsern, starren durch Mikroskope und lassen Blitze durch ihr Labor schlagen. Tatsächlich wurden Erkenntnisse aber schon mit den kuriosesten Mitteln und an den ausgefallensten Orten gewonnen. Manchmal konnten die Versuche sogar unseren Blick auf die Welt verändern.

1.1. Mit Zügen und Trompeten zu den Sternen 20
Christian Doppler wollte mit seiner Wellentheorie die Farben der Sterne erklären, doch Astronomen schenkten ihm keine Beachtung. Stattdessen wurde seine These von einem findigen Wetterforscher bewiesen – mit einem Blasorchester auf einem fahrenden Zug.

1.2. Vermissmeinlicht 26
Die moderne Physik weiß: Nichts ist schneller als das Licht. Doch bei der ersten Messung der Lichtgeschwindigkeit gab es noch keine Elektronik, keine Satelliten und keine Laser. Dem Forscher Hippolyte Fizeau genügten ein paar Lampen und Zahnräder über den Dächern von Paris.

1.3. Schattenjagd mit der Concorde 001 32
Eine Sonnenfinsternis kann nirgendwo auf der Erde länger als 8 Minuten dauern. In den 1970er-Jahren fragten sich französische Astronomen: Könnte man dem Schatten der Sonne mit der Concorde nachjagen, um eine stundenlange Sonnenfinsternis zu erleben?

2. Die Erde zu unseren Füßen ... 40
Wir verbringen praktisch unser ganzes Leben auf der Erde. Sie ist so groß und allgegenwärtig, dass wir kaum je über sie nachdenken. Umso überraschender ist es, was Forscher im Laufe der Zeit über unseren Planeten herausgefunden haben.

2.1. Den Nil entlang zum Erdumfang ... 42
Wie groß ist die Welt? Eine Frage, die sich scheinbar nur mit moderner Technik beantworten lässt. Und doch gelang es einem Gelehrten schon vor über zweitausend Jahren, die Größe unseres Planeten zu vermessen – ohne überhaupt seinen Wohnort zu verlassen.

2.2. Ein Pendel geht um die Welt ... 49
Das Foucaultsche Pendel zeigt so einfach wie eindrucksvoll, dass die Erde sich dreht. Bis heute verzaubert es die Menschen weltweit mit seiner Einfachheit und Aussagekraft. Außer an ein paar Orten, wo es niemals funktionieren kann.

2.3. Revolution am Schreibtisch ... 56
Als Frau ließen ihre Kollegen die Geologin Marie Tharp nicht mit auf See. Sie durfte lediglich Daten des Meeresgrunds auswerten. Trotzdem konnte sie gegen alle Ungerechtigkeiten unser Bild von der Gestalt der Erde umkrempeln.

2.4. CSI: Yucatán – der Cold Case von Chicxulub ... 62
Sollte ein Asteroid die Dinosaurier ausgelöscht haben – wo ist er dann heute? Eine Gruppe von Forschern machte sich auf die Suche nach Spuren des tödlichen Projektils. Obwohl der Brocken beim Einschlag in seine Atome zerlegt wurde, kamen sie ihm auf die Spur.

3. Auf großer Fahrt ... 72
Bisweilen unternehmen Forschende große Reisen, manchmal schicken sie ihre Instrumente um die Welt. Allen Widrigkeiten zum Trotz sammeln sie Daten, die nie ein Mensch zuvor gesammelt hat.

3.1. Schiffsuhr gegen Himmelsuhr ... 74
Als Wunderkind und Quereinsteiger baute John Harrison die präzisesten Uhren seiner Epoche. Doch der Nachweis und die Anerkennung seiner Leistung ließen Jahre und Jahrzehnte auf sich warten, während seine Uhren um die Welt segelten.

3.2. Abgehobene Messungen 81
Mit einem Ballon stieg Victor Hess in schwindelerregende Höhen auf, um einer rätselhaften Strahlung aus der Erde zu entkommen. Doch ausgerechnet über den Wolken wurde sie immer stärker. Hess musst einsehen: Die Strahlung kommt nicht von unten, sondern von oben.

3.3. Das Schiff, das kein Magnetfeld hatte 88
Das Schiff *Carnegie* wurde für eine einzige Mission gebaut: das Magnetfeld der Erde zu vermessen. Dafür bestand sie komplett aus Holz und nicht-magnetischen Metallen. Das Schiff revolutionierte die Erforschung des Planeten – aber endete in einer Tragödie.

4. Unsichtbar und tödlich 94
Man kann Radioaktivität nicht sehen, nicht fühlen und nicht riechen – und doch kann sie tödlich sein. Die Geschichte ihrer Erforschung ist eine Geschichte von wissenschaftlichen Höhenflügen und menschlichen Abgründen.

4.1. Wilhelm Conrad Röntgen hat den Durchblick 96
Nach der Entdeckung der Röntgenstrahlung durchleuchtete ihr Namensgeber alles, was nicht niet- und nagelfest war: Laborausrüstung, Alltagsgegenstände, Möbel. Als ihm nichts weiter einfiel, durchleuchtete er sogar seine Frau – wofür er weltberühmt wurde.

4.2. Ein Leben für die Forschung 101
Heute ist Marie Curie eine Ikone, doch zu Lebzeiten wurde sie ebenso verachtet wie verehrt. Mit beispielloser Leidensfähigkeit und Hingabe ergründete sie die neu entdeckte Radioaktivität. Marie Curie widmete ihr Leben der Forschung – und verlor es an sie.

4.3. Entdeckung im Exil 112
Entgegen aller Verbote machte Lise Meitner in den 1920er-Jahren Karriere als Physikerin. Die Nationalsozialisten zwangen sie ins Exil, und ausgerechnet dort erklärte sie als Erste die Kernspaltung. Zu ihrem Entsetzen stürzte ihre Entdeckung die Welt in ein Wettrüsten.

5. Außer Kontrolle 122
Neue Entdeckungen in der Forschung bringen meist auch neue Technik mit sich. Nicht immer sind die Menschen imstande, diese Technik auch zu kontrollieren. Manchmal bringen Forscher sich selbst in Lebensgefahr – und manchmal Unbeteiligte.

5.1. Tödliche Arbeit an der Atombombe 124
Mit haarsträubend gefährlichen Experimenten wurde in den USA unter Hochdruck an der Atombombe geforscht. Louis Slotin verursachte eine tödliche Kettenreaktion, als er mit einem Schraubenzieher ausrutschte.

5.2. Der einzigartige Überlebende 130
Teilchenbeschleuniger sind Quellen für extreme Strahlung. Als einziger Mensch in der Geschichte wurde der Forscher Anatoli Bugorski von gebündelten, hochenergetischen Protonen durchbohrt. Er überlebte – aber nicht unversehrt.

5.3. Der Test von Tschernobyl 138
Eines der dramatischsten Reaktorunglücke der Geschichte geschah wegen menschlichen Versagens auf zahlreichen Ebenen: Konstruktionsfehler, schlechte Planung, Rücksichtslosigkeit und ahnungslose Verantwortliche.

6. Das Albert-Einstein-Spezial..................... 146
Albert Einstein gilt als einer der besten Physiker aller Zeiten. Doch er ist für seine Theorien bekannt, nicht für Experimente. Andere Forscher haben vor, während und nach Einsteins Zeit die Versuche gemacht, die seine Theorien bis heute stützen.

6.1. Albert zum Quadrat............................... 148
Albert Michelson war schon lange Forscher, als Einstein gerade erst geboren wurde. Seine Arbeit legte einen Grundstein für Einsteins Erfolg – und ermöglichte ein Jahrhundert später ihren bisher größten Triumph.

6.2. Freundschaftsbeweis............................ 155
Als Albert Einstein seine Allgemeine Relativitätstheorie veröffentlichte, fehlte ein schlagender Beweis. Der Erste Weltkrieg machte die Suche danach beinahe unmöglich. Doch ein Freund, der trotz aller Widrigkeiten an Einstein glaubte, verhalf ihm über Nacht zum Weltruhm.

6.3. Für 80 Nanosekunden um die Welt 163
Zeit ist relativ, sagt die Relativitätstheorie. Zwei Forscher aus den USA fanden einen beeindruckenden Beweis dafür, indem sie mit kühlschrankgroßen Atomuhren in Linienflugzeuge stiegen und mehrmals um die Welt flogen.

7. Weltraumforschung auf Umwegen 172
Seit es Menschen auf der Erde gibt, versuchen sie das All zu erkunden. Früher reichten dafür ein Teleskop und ein Notizbuch aus. Später hingegen kam moderne Technik zum Einsatz – die manchmal funktionierte und manchmal nicht.

7.1. Gute Vorsätze fürs neue Jahrhundert 174
Wie weit sind die Sonne und die Planeten von uns entfernt? Den Gelehrten der Renaissance fehlte nur eine Beobachtung, um diese uralte Frage zu beantworten. Doch die entscheidende Messung ist höchstens zweimal im Jahrhundert für einige Minuten möglich.

7.2. Mit dem Bleistift auf Planetenjagd 183
Im 18. und 19. Jahrhundert entdeckten Astronomen immer neue Planeten dank immer besserer Teleskope. Doch einer wurde mit Papier und Bleistift entdeckt.

7.3. Die Raumsonde, die ihre Klappe hielt 192
Technische Probleme gehören in der Forschung zum Alltag. So manche Fehlfunktion lässt sich mit einem gezielten Handgriff beheben. Außer natürlich, das Experiment steht bereits Millionen Kilometer entfernt auf einem lebensfeindlichen Planeten.

8. Auf den zweiten Blick 200
Eine Frage zu beantworten heißt, ein Dutzend neuer Fragen aufzuwerfen – so ein geflügeltes Wort in der Wissenschaft. Immer wieder hat die Geschichte gezeigt, dass sich ein zweiter Blick lohnt, um die Rätsel der Natur zu lüften.

8.1. Die nackte Wahrheit 202
Jeder kennt die Geschichte vom nackten Archimedes, der in der Badewanne das Prinzip des Auftriebs entdeckte und so im Auftrag des Königs einen Goldschmied des Betrugs überführt haben. Doch so wie überliefert dürfte es sich kaum abgespielt haben.

8.2. Pferdchen lauf Galopp 208
Bis ins 19. Jahrhundert wusste niemand, wie sich ein Pferd im Galopp tatsächlich bewegt: die menschliche Wahrnehmung war dafür einfach zu langsam. Ein Filmpionier offenbarte erstmals dank genialer Technik das Geheimnis der Pferde.

8.3. Verkehrte Welt 215
Ein Foto von der Arbeit des Physikers Carl Anderson ging in die Geschichte der Wissenschaft ein. Doch als es zum ersten Mal jemand in der Hand hielt, fragte er sich verwundert: War das Negativ womöglich verkehrt herum entwickelt worden?

9. Die Wissenschaft als Seifenoper 224
Neid und Missgunst, Unglück und Tod: Auch in der Wissenschaft geht es manchmal zu wie im Kino. Geniale Experimentatoren und Nobelpreisträger sind vor Schicksalsschlägen und menschlichen Regungen nicht sicher.

9.1. Die Zähmung der Bestie 226
Das chemische Element Fluor hat einige Leichen im Keller. Denn es greift nicht nur zahlreiche Materialien an – sondern auch jene, die es erforschen wollen. Auch der, dem die Zähmung des Fluors erstmals gelang, blieb nicht verschont.

9.2. Ehre und Elektronen 232
Der Experimentalphysiker Robert Millikan wird für seine Entdeckung der Elementarladung gefeiert. Doch es gibt Zweifel an seiner wissenschaftlichen Redlichkeit. Besonders eine Frage seines Rivalen Felix Ehrenhaft wurde für ihn zur Frage der Ehre.

9.3. Tiefe Einblicke 243
Die Magnetresonanztomografie ist ein Segen – darin sind sich alle einig. Umstritten ist jedoch, wer sie erfunden hat. Zwei ehrgeizige Forscher, viele Prototypen und ein verpasster Nobelpreis stecken hinter der Erfindung, die einen neuen Blick in den menschlichen Körper ermöglichte.

9.4. Der ewige Pechvogel 250
Wie lange kann die Durchführung eines Versuchs dauern? Das australische Pechtropfenexperiment läuft seit über 90 Jahren ununterbrochen. Alle paar Jahrzehnte fällt ein Tropfen – doch der Mann, der zum Gesicht des Experiments wurde, hatte nichts als Pech damit.

10. Epilog: Wer im Treibhaus sitzt 258
John Tyndall untersuchte, wie bestimmte Gase in der Erdatmosphäre Wärme einfangen – und entdeckte dabei den Treibhauseffekt. Seit 150 Jahren kann die Menschheit in Zeitlupe verfolgen, wie recht Tyndall hatte.

11. Bonuskapitel 272

11.1. Spieglein, Spieglein im Labor 275
Beim Blick in den Spiegel sehen wir mal Erfreuliches und mal Unerfreuliches. Niemals würden wir jedoch erwarten, etwas vollkommen Unmögliches zu sehen. Umso erstaunter war Chien-Shiung Wu, als sie 1956 in ihrem Labor von einem Spiegelbild belogen wurde.

Anhang. 283

Dank 283

Zeitstrahl: kleine Geschichte der Physik
  in 31 Experimenten 285

Quellen und Errata 288

Vorwort

Verständlich und unterhaltsam die Physik zu erklären – das ist mein Beruf. Das schönste Lob für meine Arbeit in Artikeln, Podcasts und Büchern ist: »Mensch, ich wusste gar nicht, dass Physik so viel Spaß machen kann!« Oft folgt dann: »In der Schule mochte ich das Fach ja nie.«

Das kann ich verstehen, aber ich finde es auch schade. Vielleicht hat es auch damit zu tun, dass Schulbücher die Geschichte der Physik furchtbar öde darstellen: Honorige Männer drehen an seltsamen Apparaten oder brüten über Formeln und Zahlenkolonnen – und am Ende kommt irgendwas Schlaues heraus.

Dabei sieht die Realität ganz anders aus. Seit einigen Jahren erkunde ich, was hinter bedeutenden Experimenten der Geschichte steckt, und erzähle in meiner Kolumne »Bükers Testgelände« im P.M. Magazin davon. Dabei erstaunt es mich immer wieder, wie kurios und menschlich es in allen Jahrhunderten zuging. Mit Zahnrädern und Trompeten wurden wichtige Theorien bewiesen, die unmöglichsten Gerätschaften wurden auf Schiffe, Ballons und Flugzeuge gehievt, Forscherinnen und Forscher mussten sich mit haarsträubenden Pannen und Fehlfunktionen – oder ihren Zeitgenossen – herumschlagen.

Ich habe Dokumente aus über fünf Jahrhunderten in mindestens fünf Sprachen gewälzt: wissenschaftliche Veröffentlichungen, Vorträge, persönliche Briefe, Labor-Notizen, Nachrufe, Zeitungsartikel und Blogs. Dabei habe ich auch persönliche Höhen und Tiefen erlebt: Einmal starrte ich eine gefühlte Ewigkeit auf eine zur Spirale gebogene Büroklammer im Spiegel. Ein anderes Mal habe ich (mit meiner kleinen Tochter im Tragetuch) vor dem Haus den Schatten eines Besenstiels vermessen, um die Größe der Weltkugel zu bestimmen. Und einmal tröstete mich im Krankenhaus das physikalische Wissen um ein medizinisches Instrument, in das ich hineingeschoben wurde.

Manchmal erscheint die Geschichte der Physik sogar wie die reinste Seifenoper. Da eskalieren Rivalitäten zwischen gekränkten Männern, Frauen müssen gegen Chauvinismus um Anerkennung kämpfen, und Forscher widmen ihr ganzes Leben einer einzigen Frage – deren Auflösung sie nie erleben. Eine gute Geschichte erkenne ich stets daran, dass mich beim Schreiben des letzten Satzes Gefühle ergreifen: von der Tragik eines Schicksals, dem Triumph einer großen Anstrengung, der Tragweite einer Erkenntnis.

Ihnen, liebe Leserin, lieber Leser, möchte ich mit diesem Buch nicht nur die Physik erklären – sondern Ihnen auch die Unterhaltung, die Spannung und die Menschlichkeit zeigen, die darin steckt.

Kapitel 1

Forschung mit allen Mitteln

1.1. Mit Zügen und Trompeten zu den Sternen

Der Doppler-Effekt ist ein bekanntes Alltagsphänomen: Das Geräusch eines Fahrzeugs ändert im Vorbeifahren seine Tonhöhe. Vor allem schnelle Motorräder machen ein eindrückliches »Niiiiieee-Jooouuuuu«. Was weniger bekannt ist: Mit Licht passiert das Gleiche. Andere Fahrzeuge, oder auch eine Raststätte am Straßenrand, zeigen im Vorbeifahren andere Farben als beim Halten. Doch die Geschwindigkeiten des Alltags sind viel zu gering, um diesen Effekt jemals zu bemerken.

Im Physikstudium haben wir einst ausgerechnet, dass durch den Doppler-Effekt eine eigentlich rote Ampel für eine Autofahrerin durchaus grün aussehen könnte. Allerdings müsste sie mit etwa einem Drittel der Lichtgeschwindigkeit rasen, also rund 350 Millionen km/h. Das ist erstens verboten und zweitens nicht ratsam: Allein der Luftwiderstand würde ihr Auto so stark aufheizen, dass es verglüht.

Als der Doppler-Effekt erstmals beschrieben wurde, gab es weder Kraftfahrzeuge noch Ampeln. Sein Namensgeber Christian Doppler war als Professor für Mathematik und Physik in Prag und Wien ein angesehener Wissenschaftler im Kaisertum Österreich und darüber hinaus. Doch der holperige Karriereweg des gebürtigen Salzburgers durch Prag und Wien zeugt auch davon, dass Christian Doppler zeitlebens kränkelte und es ihm vermutlich an Durchsetzungsfähigkeit fehlte.

Doppler veröffentliche 1842 in Prag erstmals seine Theorie über Wellen und Bewegung. Er begründete sie mit dem bestechenden Bild eines Schiffes im Wasser: Je mehr Fahrt ein Schiff hat, desto schneller schlagen die Wellen nacheinander gegen seinen Bug – obwohl sich der Abstand der Wellen auf dem Wasser gar nicht ändert.

Doppler erkannte schnell, dass die von ihm beobachtete Eigenschaft von Wasserwellen auch für Schallwellen in der Luft gelten müsste – und sogar für Lichtwellen, wobei deren genaue Natur noch umstritten war. Gerade das Licht war dabei für Doppler am wichtigsten. Er wollte nämlich erklären, warum die Sterne am Himmel bei genauerem Hinsehen in verschiedenen Farben schienen: oft weiß und gelblich, manchmal auch rot und orange, bisweilen sogar bläulich und grünlich. Wenn sich zwei Sterne gegenseitig umkreisen, so Dopplers Idee, dann müsste sich einer von beiden stets auf uns zu und der andere von uns weg bewegen. Täten sie dies ausreichend schnell, so vermutete Doppler, müssten ihre Lichtwellen zu verschiedenen Farben hin verschoben werden.

Doch diese Argumente Dopplers stützten sich auf Annahmen, die schon damals schwer haltbar waren. Er ging beispielsweise davon aus, dass nur Doppelsterne farbig erschienen, während einzelne Sterne ein gewissermaßen unverfälschtes, natürliches Weiß zeigten. Außerdem überschätzte er die Bedeutung von scheinbaren Farbwechseln der Sterne, die verschiedene Astronomen im Laufe der Zeit aufgezeichnet hatten. Die von ihnen berichteten Verwandlungen und Verschiebungen in der Farbe des Sternlichts waren bisweilen nur eingebildet. Sie ließen sich genauso gut durch Eigenheiten der Teleskope oder Luftverwirbelungen in der Erdatmosphäre erklären.

Trotzdem inspirierte Dopplers Arbeit den niederländischen Meteorologen Christoph Buys Ballot. Er schrieb 1845[1]: »Sobald mir das Schriftchen des Hrn. Doppler in die Hände gekommen war, reizte mich der Scharfsinn der darin entwickelten Theorie; es wurde aber auch Zweifel in mir erregt über die Anwendbarkeit dieser Theorie auf die Farben der Doppelsterne.« In seiner Abhandlung lässt Buys Ballot kein gutes Haar an Dopplers astronomischen Ideen. Dafür bewunderte Buys Ballot die Theorien Dopplers zur Ausbreitung des Schalls in der Luft. Er wollte unbedingt beweisen, dass sich der Ton einer Schallquelle wirklich veränderte, wenn sie in Bewegung war.

Nur wie? Mitte des 19. Jahrhunderts polterten Pferdewagen durch die Straßen, und die wenigen Eisenbahnen waren langsame Ungetüme mit Kohleofen und Dampfmaschine. Es gab keine Flugzeuge, keine Lautsprecher und keine Mikrofone. Wie um alles in der Welt sollte eine präzise Messung von Geräuschen in schneller Bewegung gelingen?

Christoph Buys Ballot fasste einen Plan: Er wollte Trompeter auf einen offenen Eisenbahnwagen stellen. Sie sollten mit gleichmäßig hoher Geschwindigkeit an Beobachtern vorbeifahren, die ebenfalls Musiker waren. Während die Trompeter auf dem Zug einen zuvor abgesprochenen Ton bliesen, sollten die Beobachter am Streckenrand das Gleiche tun – und dann notieren, ob sie von den Trompeten auf dem

---

[1] Um Buys Ballots 1845 in Leipzig gedruckte Arbeit herunterzuladen, forderte mich eine deutsche Internetseite auf, »Lizenzbedingungen für das Erbe des Königreichs Bayern« zuzustimmen. Ich habe kopfschüttelnd abgelehnt und stattdessen das US-amerikanische Internet Archive bemüht. Dort war das über 175 Jahre alte Werk, eingescannt aus den Beständen der New York Public Library, ohne jede Beschränkung verfügbar.

Zug und in ihrer Hand unterschiedlich hohe Töne gehört hatten.

In der Praxis war das alles noch vertrackter, als es ohnehin klingt. Buys Ballot konnte zwar die zuständigen Beamten überzeugen, ihm für seine Versuche einen Zug und die Strecke zwischen der Stadt Utrecht und ihrem Vorort Maarssen zu überlassen. Außerdem engagierte er mehr als ein Dutzend Musiker und Helfer. Doch der Lokführer hatte Probleme, eine konstante Geschwindigkeit zu halten, und das Dröhnen und Rattern des Zugs übertönte die Trompeten, die sich zu allem Überfluss noch durch Temperaturschwankungen verstimmten.

Beharrlich wiederholte Buys Ballot seinen Versuch, setzte dabei auf lautere Signaltrompeten und sortierte die Musiker um, die zu seiner Frustration immer wieder Einsätze verpassten und unvollständige Notizen machten. In seinem Artikel empfiehlt er entnervt die Wiederholung seines Versuchs durch »jemanden, der über stärkere Instrumente oder disciplinirtere Personen zu verfügen hat«.

Doch immerhin waren sich am Ende alle Beobachter einig, dass näher kommende Trompeten höher klangen als davonfahrende. Der Doppler-Effekt war bewiesen, und wenig später konnte sogar Doppler selbst die Versuche Buys Ballots wiederholen. Nur wenige Jahre später starb Doppler im Alter von 50 Jahren an Tuberkulose. Die Theorie von den Farben der Sterne, die ihm so wichtig gewesen war – sie blieb ohne Beachtung.

Sie hätte auch keine Chance gehabt, denn Dopplers Vorstellungen vom Wesen der Sterne und ihrem Licht erwiesen sich mit der Zeit als falsch. In Wahrheit bestimmen die Masse und Temperatur der Sterne ihre Farben: Kleine, kühlere Sterne leuchten rot, die durchschnittlichen Geschwister unserer Sonne gelb bis weiß und die größten und heißesten blau. Dabei ist es unerheblich, ob sie einen Partnerstern umkreisen oder nicht.

Und dennoch ist der Doppler-Effekt aus der heutigen Astronomie nicht mehr wegzudenken. Er zeigt sich anders als Doppler vermutete, doch er zeigt sich beinahe überall: Die »Rotverschiebung« und »Blauverschiebung« allen Lichts offenbart die Bewegung von Sternen und sogar ganzen Galaxien. Der Doppler-Effekt zeigt uns sogar die Ausdehnung des Universums, verrät die Existenz von Planeten, die ferne Sterne umkreisen, und erlaubt es uns sogar, die Flugbahn von Raumsonden auf ihrem Weg durch unser Sonnensystem zu verfolgen.

Und so wurde – mit einem Umweg über die Blasmusik – der vermutlich größte Traum des Christian Doppler doch noch wahr: dass selbst Jahrhunderte später noch unmöglich von Sternen gesprochen werden kann, ohne seinen Namen zu nennen.

Das wilde Jahrhundert

Das 19. Jahrhundert gehört zu meinen liebsten Epochen – es war eine Art »Sturm und Drang« für die Physik. Von etwa 1800 bis kurz nach 1900 wandelte sich das Verständnis der Welt so radikal, dass einem schwindelig werden kann.

Um 1800 waren elektrische Ströme und Magneten bloße Kuriositäten ohne jeden Nutzen. Um 1900 wurden Städte elektrisch beleuchtet, und die mächtige Theorie des Elektromagnetismus hatte den Grundstein für drahtlose Telegrafen und das Radio gelegt.

Der Aufstieg der Dampfmaschine stellte die Physik zunächst bloß: Niemand konnte erklären, wie sie genau funktionierte – und doch funktionierte sie. Eine ganz neue Lehre von Wärme und Energie musste her. Die Entdeckungen des 19. Jahrhunderts bilden bis heute die Grundlage aller Wärmekraftmaschinen, vom Verbrennungsmotor im Auto bis zur Wärmepumpe, die ein Haus heizt.

Außerdem wurden, besonders zum Ende des Jahrhunderts, zig Sorten unsichtbarer Strahlung entdeckt: kosmische Strahlen, Röntgenstrahlen, ionisierende Strahlen und mehr. Ihre Existenz hatte niemand auch nur geahnt. Sie begründeten ganze Forschungsfelder, von der Astrophysik über die Radioaktivität und die medizinische Bildgebung bis zur modernen Teilchenphysik.

Selbst im Sonnensystem kam im 19. Jahrhundert plötzlich Gedränge auf. Um das Jahr 1800 war das Teleskop schon fast 200 Jahre alt, doch die Astronomie kannte nur sieben Planeten und ein gutes Dutzend Monde. Zur nächsten Jahrhundertwende waren schon über vierhundert Himmelskörper im Sonnensystem entdeckt worden, die meisten davon Asteroiden.

Auch die Protagonisten dieses Kapitels, Christian Doppler und Christoph Buys Ballot, hatten ihre liebe Mühe, mitzuhalten. Als Buys Ballot 1845 Dopplers Ideen diskutiert, erwähnt er den äußersten Planeten

> des Sonnensystems: Uranus. Schon wenig später sah er damit alt aus – denn 1846 wurde noch hinter dem Uranus der Planet Neptun entdeckt (Kapitel 7.2.).

Eine Frage wühlte im 19. Jahrhundert die wissenschaftliche Welt auf wie keine andere: Was ist das Licht? Klar: Es ist hell, es ist bunt, es ist überall; man kann es ablenken oder spiegeln. Aber was ist das Licht?, grübelten schon die Gelehrten der Antike, und bedeutende Persönlichkeiten wie Isaac Newton und Johann Wolfgang von Goethe waren im 18. Jahrhundert von dieser Frage regelrecht besessen.

Zuvor war die Debatte um das Licht überschaubar und weitgehend gesittet. Doch im 19. Jahrhundert wurde sie zu einer Art wissenschaftlichen Kneipenschlägerei – gewagte Vermutungen, ausgefuchste Experimente, umstrittene Theorien und hartnäckige Irrtümer allerorten. Gerade noch schwang Christian Doppler die Fäuste, um das farbige Licht der Sterne zu erklären. Jetzt wenden wir uns dem jungen Hippolyte Fizeau zu, der sich in den 1840er-Jahren neu ins Getümmel wirft und dabei beachtliche Treffer landet.

1.2. Vermissmeinlicht

Neben dem Beruf spreche ich auch gern privat über Physik. Da trifft es sich, dass meine Frau ebenfalls Physikerin ist. Wenn ich sie nach einer spannenden Neuigkeit auf ihrem Forschungsgebiet frage, grinst sie und sagt: »Das kanntest du noch nicht? Das ist doch ein *hot topic!*«

Ein *hot topic* – also ein heißes Thema – ist eine wissenschaftliche Frage, an der viele Forscher zugleich arbeiten. Sie alle wollen vor der Konkurrenz etwas Neues herausfinden. Hätte es den Begriff schon vor 150 Jahren gegeben, dann wäre eines der größten *hot topics* zweifellos die Natur des Lichts gewesen.

Zahllose Physikerinnen und Philosophen fragten sich: Woraus besteht das Licht? Wie kommen seine Farben zustande? Braucht das Licht einen Stoff, durch den es sich fortpflanzt, oder fliegt es auch durch das Nichts? Wie schnell gelangt Licht von einem Ort zum anderen? Um das Jahr 1800 waren fast alle diese Fragen noch offen. Kurz nach 1900 wurden sie ein für alle Mal beantwortet. Aber der Reihe nach.

Schon seit der Antike kursierten diverse Theorien zur Natur des Lichts. Sie waren aus heutiger Sicht größtenteils geraten, denn sie wurden nicht systematisch in Experimenten überprüft. Um das Jahr 1700 standen sich dann plötzlich gleich zwei wissenschaftlich fundierte Theorien gegenüber. Der Niederländer Christiaan Huygens hatte 1690 die These aufgestellt: Licht ist eine Welle, ähnlich den Wellen des Wassers. Isaac Newton bestand dagegen in seinem Werk *Opticks* von 1704 darauf, dass das Licht aus Teilchen besteht, die wie Gewehrkugeln durch die Welt flitzen.

Viele glaubten Newton eher, denn er galt schon damals als größter Wissenschaftler aller Zeiten. Andere lehnten alle modernen Vorstellungen vom Licht als Teilchen oder Welle aus philosophisch-religiösen Gründen rundheraus ab. Zu ihnen gehörte Johann Wolfgang von Goethe mit seiner *Farbenlehre* von 1810, die jedoch letztlich keine Bedeutung für die Physik hatte.

Theorien, Philosophien und wissenschaftliche Autoritäten gab es also genug. Doch was könnte man dem Licht in konkreten Experimenten an Informationen abluchsen? In den 1840er-Jahren wurde die Frage, wie schnell und in welcher Form sich das Licht ausbreitet, direkten Experimenten zugänglich.

Gut zweihundert Jahre zuvor hatte sich bereits Galileo Galilei an einer solchen Messung versucht. Seine Idee war klug gewesen: Ein Kollege und er stellten sich auf zwei Hügel in einiger Entfernung voneinander. Jeder hatte eine Lampe mit einem kleinen Vorhang dabei. Sie verabredeten: »Du guckst in meine Richtung, aber meine Lampe ist verdeckt. Irgendwann decke ich sie auf, und *sobald* du mein Licht siehst, deckst du deine Lampe auch auf!«

Der Clou: Für den Forscher auf dem ersten Hügel müsste nach dem Aufdecken eine gewisse Zeit vergehen, bis er das Licht seines Kollegen sieht. Dies wäre die Zeit, in der das Licht einmal zum zweiten Hügel und wieder läuft. Doch in der Realität war das Licht dafür viel zu schnell. Jede Verzögerung, die Galileo und sein Kollege feststellten, war der Reaktionszeit des Menschen geschuldet.

Die Idee hinter dem Experiment war trotzdem gut. Stünden zwei Beobachter mit ausreichend starken Lampen auf der Erde und dem Mond (anstatt auf zwei benachbarten Hügeln), so könnten sie eine deutliche Verzögerung von rund zweieinhalb Sekunden messen.

Experimente auf dem Mond waren natürlich vor dem Raumfahrtzeitalter unmöglich. Doch der Blick ins Sonnensystem lieferte schon früh die ersten Hinweise auf die Geschwindigkeit des Lichts. Schon zu Beginn des 18. Jahrhunderts verkündeten Astronomen: Das Licht braucht mehrere Minuten, um die gewaltigen Distanzen zwischen den Planeten zu überwinden.

Dummerweise wussten sie überhaupt nicht, wie groß diese Distanzen eigentlich waren. Deshalb konnten die Astronomen auch die Geschwindigkeit des Lichts nicht ausrechnen, sondern mussten raten. Immerhin konnten sie ziemlich gut raten, und ihre Schätzung ergab eine Lichtgeschwindigkeit von gut 200.000 Kilometern pro Sekunde – etwa zwei Drittel ihres tatsächlichen Werts.

Und dann, lange nach Galileos Fehlschlag der mutigen Schätzung der Astronomen, gelang dem jungen Franzosen Hippolyte Fizeau die erste Messung der Lichtgeschwindigkeit auf der Erde. Er veröffentlichte seine Ergebnisse erstmals 1849 in Frankreich.

An dieser Stelle hüpft mein Herz als Freund der Fremdsprachen. Fizeau veröffentlichte seine Arbeit 1849 in seiner französischen Muttersprache. Doch in der Wissenschaft war Deutsch mindestens genauso wichtig, und deshalb erschien Fizeaus Arbeit 1850 auch in deutscher Übersetzung. Hält man diese beiden Fassungen nebeneinander, ist der Kontrast zwischen den Sprachen frappierend: Was für eine zerknautschte Wortkarambolage ist die »Fortpflanzungsgeschwindigkeit des Lichtes« gegen die musikalisch-elegante »vitesse de propagation de la lumière«?

Fizeaus Versuchsaufbau bestand aus zwei Stationen. Am Fenster seines Labors in Paris baute er eine starke Lampe und ein Teleskop auf, sodass das Licht der Lampe durch das Teleskop »verschickt« wurde. Mehr als achteinhalb Kilometer entfernt positionierte er auf dem Aussichtsbalkon eines

Hauses ein weiteres Teleskop, an das ein Spiegel angebaut war. Lampe, Teleskope und Spiegel waren so ausgerichtet, dass das Licht den ganzen Weg von Fizeaus Labor zum fernen Haus und zurück lief. Dank eines halb durchlässigen Spiegels zwischen Lampe und Teleskop konnte Fizeau das zurückkehrende Licht mit dem Auge beobachten.

Doch Fizeau stand vor dem gleichen Problem wie Galileo Galilei zweihundert Jahre zuvor. Selbst für den mehr als 17 Kilometer langen Weg durch die Pariser Nacht brauchte das Licht – den Schätzungen der Astronomen zufolge – weniger als eine zehntausendstel Sekunde. Wie ließ sich eine so kurze Zeit messen?

Fizeaus Geniestreich: ein Zahnrad zwischen Lampe und Teleskop. Dessen Zähne standen genau im Weg des Lichts, sodass das Licht entweder von einem Zahn abgefangen wurde oder durch eine Zahnlücke hindurchfliegen konnte. Das Zahnrad hatte 720 winzige Zähne und ließ sich mit einem Gewicht an einem Getriebe kontrolliert in eine schnelle Drehung versetzen.

Fizeau entzündete die Lampe, versetzte das Zahnrad in Drehung und spielte so lange mit dessen Geschwindigkeit herum, bis plötzlich die Reflexion des Lichtes von dem fernen Balkon vor seinen Augen verschwand. Nun, so wusste er, war er der Geschwindigkeit des Lichtes auf die Schliche gekommen.

Was war passiert? Verfolgen wir den Weg des Lichts Schritt für Schritt. Die Lampe gibt ein gleichmäßiges Licht ab, das zunächst auf das Zahnrad vor dem Teleskop fällt. Durch dessen schnelle Drehung wird das Licht abwechselnd aufgehalten und durchgelassen. Durch das Teleskop wird deshalb kein stetes Leuchten verschickt, sondern ein schnelles Blinken.

Dieses Blinken rast nun achteinhalb Kilometer zum zweiten Teleskop und wird von dessen Spiegel geradewegs zurück zu Fizeaus Laborfenster geworfen. Dort fällt es wieder durch das erste Teleskop und trifft erneut – diesmal von der anderen Seite – auf das Zahnrad.

Hier passiert nun das Entscheidende. Wenn sich in der Zeit, während das Licht unterwegs war, gerade ein Zahn in den Lichtweg geschoben hat, wird die Reflexion von diesem Zahn abgefangen, und der Lichtblitz bleibt dem Auge des Beobachters verborgen. Als Fizeau trotz leuchtender Lampe nur Dunkelheit vom fernen Balkon sah, wusste er, dass dies der Fall war.

Doch eines konnte Fizeau noch nicht wissen: Hatte das rasend schnelle Zahnrad wirklich den *nächsten* Zahn in den Lichtweg geschoben oder etwa den übernächsten oder den überübernächsten? Er musste das Zahnrad langsam anlaufen lassen und die *niedrigste* Geschwindigkeit finden, bei der die Reflexion verschwand.

Und er fand sie. Mit eigenen Worten berichtete Fizeau: »Unter den Umständen, unter welchen der Versuch gemacht wurde, geschah die erste Verfinsterung bei 12,6 Umläufen in der Sekunde.« Sein Endergebnis: »Das Mittel aus 28 bisher angestellten Beobachtungen, gab nämlich diesen Werth zu 70948 Lieues, von 25 auf den Grad.« Am besten lassen wir uns nicht aufhalten von der Frage nach den französischen Maßeinheiten des 19. Jahrhunderts und rechnen Fizeaus damaliges Ergebnis direkt um: in 315.000 Kilometer pro Sekunde.

Dieser Wert lag nur etwa fünf Prozent über dem heute festgelegten Wert von 299.792,458 km/s – ein höchst respektables Ergebnis angesichts der damaligen Technik. Die wichtigste Fehlerquelle, so vermutete Fizeau richtig, lag in der ungenauen Mechanik, welche ihm die Geschwindigkeit seines Zahnrades anzeigte.

Fizeau wurde für sein Experiment gebührend gefeiert und mit den höchsten Ehren der französischen Wissenschaftswelt bedacht. Völlig zu Recht, wie ich finde – denn mit kaum mehr als einem Zahnrad gelang dem jungen Fizeau im Alleingang, woran fast 250 Jahre zuvor der große Galileo Galilei höchstselbst gescheitert war.

Immer wieder wird uns in diesem Buch die Frage nach der Natur des Lichts begegnen. Vieles, was die moderne Physik ausmacht, hängt direkt damit zusammen: die elektromagnetische Strahlung, die Relativitätstheorie und die Quantenphysik.

Stück für Stück werden wir der Antwort näher kommen. Doch zuerst verzückt uns nun eine besondere Lichterscheinung, die man auch ohne jedes physikalische Hintergrundwissen genießen kann: eine totale Sonnenfinsternis.

1.3. Schattenjagd mit der Concorde 001

In meiner Kindheit war die Concorde das Meisterwerk der Luftfahrt: ein überschallschnelles Linienflugzeug! Natürlich waren Flüge mit der Concorde für meine Familie unerschwinglich, und sie wären es auch heute noch – ganz abgesehen von der desaströsen Klimabilanz solcher Reisen.

Und doch scheint mir, als würde der Welt etwas fehlen, nun da die Concorde ausgemustert ist. Erst lange danach habe ich überhaupt erfahren: Die erste Concorde, die jemals flog, stellte einen bis heute unerreichten Weltrekord auf. Sie ermöglichte nämlich die längste Beobachtung, die je von einer totalen Sonnenfinsternis gemacht wurde.

Eine Fläche von der Größe Belgiens verschwindet während einer totalen Sonnenfinsternis in der Dunkelheit des Mondschattens. Doch der Schatten steht niemals still, sondern rast mit mehreren Hundert Metern pro Sekunde über die Erdoberfläche. Nirgendwo auf der Erde kann eine totale Sonnenfinsternis deshalb länger als siebeneinhalb Minuten andauern. Würde jetzt, in diesem Augenblick, die Sonne hinter dem Mond verschwinden, so wäre die Dunkelheit wahrscheinlich schon wieder vorüber, bevor Sie dieses Kapitel gelesen haben.

Kein Mensch könnte also jemals mehr als sieben bis acht Minuten einer totalen Sonnenfinsternis erleben – es sei denn, er könnte dem Schatten hinterherjagen. Was läge da näher, als es mit einem Flugzeug zu versuchen, das einen gleichzeitig noch der Sonne näher bringt. Schon kurz nach Beginn der Fliegerei verfolgten Piloten 1912 eine Sonnenfinsternis mit einem Doppeldecker über Paris.

In den folgenden Jahrzehnten wurden vor allem umgebaute Flugzeuge der US-Luftwaffe für astronomische Beobachtungen in großer Höhe eingesetzt. Das brachte einige Schwierigkeiten mit sich, wie etwa die Vibrationen an Bord der alten Propellermaschinen oder die Gefahr durch schlechtes Wetter. Ein entscheidender Vorteil war aber, dass die Erdatmosphäre in großer Höhe viel dünner ist als am Erdboden und sie die Erforschung von Himmelskörpern deshalb weniger stört.

In einem dieser amerikanischen Flugzeuge lernte auch der französische Astronom Pierre Léna in den 1960er-Jahren das Handwerk der flugzeuggestützten Astronomie. Als er 1972 wieder als Astrophysiker in Frankreich arbeitete, elektrisierte ihn die bevorstehende Sonnenfinsternis vom 30. Juni 1973. Da der Schatten des Mondes die Erde besonders nah am Äquator treffen sollte, würde sie mit über sieben Minuten Dunkelheit an jedem verschatteten Ort zu den längsten totalen Sonnenfinsternissen seit Jahrhunderten gehören. Der Mondschatten sollte den ganzen afrikanischen Kontinent von Mauretanien im Westen über Niger und den Sudan bis nach Kenia im Osten überstreichen. In Westafrika, damals erst seit gut zehn Jahren von französischer Kolonialherrschaft befreit, hatten sich bereits hochrangige Astronomen aus Frankreich und der Welt eingerichtet, um die Finsternis zu beobachten.

Léna interessierte sich für einen besonderen und – bis heute – rätselhaften Teil der Sonne: die Korona[2]. Sie ist die äußerste Atmosphäre der Sonne und reicht Millionen Kilometer weit ins All hinaus. Normalerweise ist die Korona nicht sichtbar: Sie ist extrem dünn und leuchtet um ein Millionenfaches schwächer als die Sonnenoberfläche. Nur während einer totalen Sonnenfinsternis tritt sie deutlich hervor. Dann ist die

---

2 Wenn Sie bei diesem Wort zusammenzucken, ist das kein Zufall. Forscher beschrieben 1968 eine zuvor unbekannte Art Virus, das sie unter dem Elektronenmikroskop an die Sonnenkorona während einer Finsternis erinnerte. Sie gaben ihrer Entdeckung deshalb den Namen »Coronavirus«. Zu dieser Art zählt auch das Virus SARS-CoV-2, das ab 2020 in einer globalen Pandemie wütete.

Oberfläche der Sonne verdeckt, und allein die Korona ist von der Erde aus zu sehen. Da zudem auch die Landschaft und ein großer Teil der Erdatmosphäre im Schatten liegen, wird die schwach leuchtende Korona bei einer Sonnenfinsternis nicht von reflektiertem Streulicht überstrahlt.

Pierre Léna wusste, dass die Korona verschiedene Bestandteile hat. Er wollte besonders jenen Teil der Korona untersuchen, der aus kosmischen Staubteilchen besteht. Sie stammen einerseits aus der Frühzeit des Sonnensystems und werden andererseits von verdampfenden Kometen in Sonnennähe freigesetzt. Der Staub lässt sich erforschen, indem man die von ihm ausgesandte Infrarotstrahlung einfängt. Doch selbst während einer totalen Sonnenfinsternis ist das beinahe unmöglich, denn Wasser schluckt Infrarotstrahlung – und Wasser ist in Form natürlicher Luftfeuchtigkeit reichlich in der Erdatmosphäre vorhanden. Zudem wären die wenigen Minuten, die eine totale Sonnenfinsternis andauert, zu kurz für eine gründliche Vermessung des Staubs der Sonnenkorona.

Deshalb besann sich Léna auf das, was er in den USA erlernt hatte: die astronomische Beobachtung im Flugzeug. Er wusste: Je schneller ein Flugzeug dem Mondschatten nachjagte, desto mehr Zeit könnte es in der totalen Dunkelheit verbringen. Außerdem war in großer Flughöhe die Luft so dünn, dass sie kaum Infrarotstrahlung schluckte.

Und es gab seit Kurzem das perfekte Flugzeug dafür: den Prototyp Concorde 001, der erstmals 1969 geflogen war. Die Concorde konnte die zweifache Schallgeschwindigkeit erreichen, bei der sie – so errechnete Léna aufgeregt – bis zu 80 Minuten Totalität erleben konnte. Das wäre mehr als zehnmal länger, als je ein Mensch zuvor unter der vom Mond verdunkelten Sonne verbracht hatte.

Léna musste sich jedoch beeilen: Von seiner Idee im Frühjahr 1972 bis zur Sonnenfinsternis blieb kaum mehr als ein Jahr. Was ihm gelang, scheint heute unvorstellbar: Binnen weniger Monate überzeugte Léna alle Beteiligten und Verantwortlichen von seinem Vorhaben, angefangen vom legendären Concorde-Testpiloten André Turcat bis hin zur französischen Regierung.

Zu Lénas Glück war das Leben der Concorde 001 gerade erst zugunsten der Wissenschaft verlängert worden. Eigentlich hätte der Prototyp schon ausgemustert sein sollen, doch zuvor sollte er noch einer drängenden Frage nachgehen: Konnten Überschallflugzeuge wie die Concorde die Ozonschicht schädigen? Dafür musste die Erdatmosphäre in so großer Höhe vermessen werden, wie die Concorde sie regelmäßig erreichte: 18 Kilometer Reiseflughöhe, also viel höher als die heute üblichen 8 bis 12 Kilometer. Die Antwort war, dass eine Flotte von Hunderten Überschallflugzeugen die Ozonschicht bedroht hätte – doch weltweit wurden nie mehr als drei Dutzend Maschinen diesen Typs gebaut. Dafür halfen die Untersuchungen mit der Concorde, ein tatsächlich akutes Problem aufzudecken: Fluorchlorkohlenwasserstoffe (FCKWs), welche die Ozonschicht beschädigten. Sie wurden einige Jahre später weltweit verboten.

Léna lud zu seiner Jagd nach der Sonnenfinsternis Forscherkollegen aus verschiedenen Ländern ein und baute spezielle Messinstrumente eigens für den einmaligen Flug. Da die Sonne während der Finsternis fast senkrecht am Himmel stehen würde, mussten die Instrumente genau nach oben zeigen – wo die Concorde keine Fenster hatte. Also wurden vier neue Löcher in die Kabinendecke geschnitten und mit infrarotdurchlässigen Spezialfenstern ausgestattet.

Ein ärgerliches Problem mussten die Forscher dabei rechnerisch umgehen: die große Hitze des Flugzeugs. Genau wie der Staub in der Sonnenkorona gaben nämlich auch die Fenster der Concorde aufgrund ihrer Wärme Infrarotstrahlung ab, welche die Forscher aus ihren Messergebnissen herausrechnen mussten. Die enorme Luftreibung bei doppelter Schallgeschwindigkeit erwärmte die Außenhaut der Concorde auf über 90 °C – obwohl die Temperatur der Außenluft eisige –50 °C betrug. Von Piloten und Fluggästen ist überliefert, dass die Fenster der Concorde im Flug zu heiß waren, um sie länger als einen Augenblick anzufassen.

Trotzdem bot die Sonnenfinsternis von 1973 eine einmalige wissenschaftliche Chance für Pierre Léna und seine Kollegen – wenn die Concorde ihre Route genauestens einhielt. Monatelang wälzten die Piloten, Konstrukteure und Astronomen Weltkarten, Wetterdaten und Kataloge von Start- und Landebahnen. Dann stand der Flugplan fest: Die Concorde 001 sollte auf den Kanaren abheben und die Westsahara überqueren, um dann über Mauretanien in den Mondschatten einzutreten und ihn über Mali und Niger zu verfolgen, bevor sie ihn nach über einer Stunde über dem Tschad wieder verließ und landete. Gelingen konnte all dies nur, wenn der Flug auf 15 Sekunden genau der Bahn von Mond und Sonne folgte.

Und tatsächlich: Die sechsköpfige Besatzung und die sieben Forscher traten auf eine Sekunde genau zur errechneten Zeit in den Mondschatten ein. Mit der Concorde 001 verbrachten sie sagenhafte 74 Minuten im Mondschatten, ein nie übertroffener Rekord. Dafür trieben die Piloten ihre Concorde sogar kurzzeitig auf das 2,1-Fache der Schallgeschwindigkeit oder auch 2230 Kilometer pro Stunde; eigentlich schneller, als es die Konstrukteure erlaubten. Nach Abschluss aller Messungen blieben den Forschern ganze drei Minuten der Totalität, in denen sie einfach nur aus dem Fenster schauten – länger, als die meisten Menschen in ihrem ganzen Leben eine totale Sonnenfinsternis bewundern können.

Im Jahr 2014 veröffentliche Pierre Léna ein Buch mit Erinnerungen an den einmaligen Flug.[3] Darin räumt er ein, dass die Experimente an Bord der Concorde 001 zwar die Erforschung der Sonnenkorona voranbrachten, aber nichts bahnbrechend Neues offenbart haben. Dafür solle seine Geschichte künftige Generationen von Forscherinnen und Forschern inspirieren, ihren Träumen nachzugehen. Und ich finde, dass der Flug der Concorde 001 durch die Sonnenfinsternis tatsächlich zeigt, dass selbst die verrücktesten Träume wahr werden können.

Überschallknall

Früher dachte ich, ein Überschallknall wäre ein seltenes Ereignis. In meiner Vorstellung entstand dieses Geräusch nur in dem Moment, in dem ein Flugzeug »die Schallmauer durchbrach«. Wer in diesem Augenblick

---

3 Pierre Léna: »Concorde 001 et l'ombre de la Lune«, Editions Le Pommier 2014, ISBN: 978-2-7465-0728-9. Englische Übersetzung: Pierre Léna: »Racing the Moon's Shadow with Concorde 001«, Springer 2015, ISBN: 978-3-319-21728-4.

zufällig in der Nähe wäre, bekäme einen fürchterlichen Knall zu hören – aber sonst niemand.

Doch das ist falsch. In Wahrheit entsteht der Überschallknall entlang der gesamten Strecke eines Flugzeugs, solange es sich schneller als der Schall bewegt. Selbst bei großen Flughöhen von über 10 Kilometern ist der Überschallknall auf einem 80 Kilometer breiten Streifen unter dem Flugzeug zu hören.

Die Ursache des Überschallknalls ist eine Art extreme Variante des Doppler-Effekts (Kapitel 1.1.). Da sich das Flugzeug schneller als die Schallwellen seines Fluglärms bewegt, hört ein Beobachter am Boden das vorbeiziehende Flugzeug zunächst gar nicht. Doch dann erreichen ihn viele Schallwellen zugleich als »geballte Ladung«, die er als Überschallknall hört.

Aus diesen Grund wurde der Concorde schon kurz nach ihrer Inbetriebnahme das Überschall-Fliegen über fast allen Ländern verboten. Sie musste sich auf Strecken beschränken, die größtenteils über Ozeane führten, ehe ihr Betrieb nach einem tödlichen Absturz im Jahr 2000 und der Luftfahrtkrise nach dem 11. September 2001 eingestellt wurde.

Die NASA forscht seit Jahrzehnten an Überschall-Flugzeugen, die dank spezieller Rumpf-Form einen schwächeren Überschallknall produzieren – doch das Interesse ist gering. Neben der Lärm- und Umweltbelastung sind Überschallflüge im Vergleich mit modernen Passagiermaschinen extrem verschwenderisch und teuer, sodass es kaum einen Markt für sie gibt.

Kapitel 2

~~~~~~~~~~~~~~~~

Die Erde zu unseren Füßen

2.1. Den Nil entlang zum Erdumfang

Bei der Arbeit an meinem Buch über den Mond war ich immer wieder von den lateinischen Namen für die Landschaften des Mondes verzaubert. Viele beflügeln die Fantasie, wie etwa Mare Crisium (das Meer der Gefahren), Sinus Iridum (die Bucht der Regenbogen) und Mare Tranquillitatis (das Meer der Ruhe; Schauplatz der ersten Mondlandung). Andere Krater sind nach wichtigen Wissenschaftlern benannt, wie etwa Kepler oder Curie.

Auch nach dem antiken Gelehrten Eratosthenes ist ein Krater benannt. Doch damit nicht genug, denn ein paar wenige Krater stehen außerdem symbolisch für geologische Zeitalter des Mondes. Der Krater Eratosthenes gehört dazu, und so ist der Begriff des »eratosthenischen Zeitalters« fest mit der fast fünf Milliarden Jahre andauernden Geschichte des Mondes verbunden.

Dabei gehört Eratosthenes nicht gerade zu den bekanntesten Namen unter den griechischen Gelehrten: Sokrates, Platon und Aristoteles oder auch Pythagoras und Archimedes sind zweifellos prominenter. Trotzdem ist die Ehre, die Eratosthenes auf dem Mond zuteilwird, mehr als angemessen. Denn Eratosthenes gelang eines der schönsten astronomischen Experimente der Geschichte: Er bestimmte den Umfang der Erdkugel – und das, ohne seine Arbeitsstätte zu verlassen.

Eratosthenes stammte aus Kyrene, einer antiken griechischen Stadt im heutigen Libyen. Um das Jahr 220 vor Christus leitete er mit etwa Mitte 50 die Bibliothek von Alexandria, und hatte damit eine der wichtigsten Positionen in der antiken Wissenschaft inne. Eratosthenes war ein Zeitgenosse von Archimedes (Kapitel 8.1.), der ihn sogar als »vortrefflichen Gelehrten« lobte.

Eratosthenes besaß einen scharfen Sinn für Geometrie und eine gute Intuition für die Größen und Entfernungen der Himmelskörper. Daneben hatte er aber auch einfach Glück, denn nur ein paar geografische Zufälle machten seine verblüffend einfache Vermessung des Erdumfangs überhaupt erst möglich.

Zunächst musste Eratosthenes natürlich davon ausgehen, dass die Erde überhaupt die Form einer Kugel hat. Das war damals aber keineswegs eine gewagte Annahme, sondern für die Gelehrten jener Zeit selbstverständlich. Die Griechen sahen die Kugelform der Erde durch zahlreiche Indizien belegt. Eines war die Beobachtung, dass ein davonfahrendes Schiff in großer Ferne zu versinken scheint: Erst verschwindet sein Bauch und zum Schluss sein Mast hinter der gekrümmten Erdoberfläche am Horizont.

Ein weiteres Indiz für die Kugelform der Erde fanden die Griechen in den Sternbildern am Himmel. Zu Eratosthenes' Zeiten erstreckte sich die griechische Welt von Makedonien und dem Schwarzen Meer im Norden bis weit in den Süden des alten Ägypten. Über diese Distanzen war für Astronomen offensichtlich: Es gibt Sternbilder, die im Süden sichtbar sind, aber niemals im Norden. Dies lässt sich damit erklären, dass die Menschen sich auf einer Kugel unter dem sprichwörtlichen Himmelszelt bewegen.

Nicht zuletzt war den Astronomen im alten Griechenland aufgefallen: Bei einer Mondfinsternis wirft die Erde einen kreisrunden Schatten auf die Oberfläche des Mondes. All diese Beobachtungen bekräftigten Eratosthenes und seine Zeitgenossen in der Überzeugung, dass die Erde die Form einer Kugel haben müsste.

Doch diese Ansicht allein hätte Eratosthenes noch nicht zu seiner berühmten Messung verholfen. Er nahm zusätzlich noch richtigerweise an, dass die Sonne im Vergleich zum Erdumfang sehr, sehr weit entfernt war. So konnte er davon ausgehen, dass alle Sonnenstrahlen parallel auf die Erde treffen, was die geometrische Betrachtung enorm vereinfachte.

Eratosthenes wusste also um die Kugelform der Erde und hatte eine hervorragende Intuition für Geometrie. Nun fehlt noch eine Zutat zu seinem Erfolg: der glückliche geografische Zufall. Denn der südlichste Zipfel der griechischen Welt war die Stadt Syene am Nil, am Ort der heutigen ägyptischen Stadt Assuan mit dem berühmten Assuan-Staudamm.

Eratosthenes wusste von einem kuriosen Phänomen in Syene: Am Tag der Sommersonnenwende stand die Sonne zur Mittagszeit genau senkrecht am Himmel. Alles, was aufrecht stand, warf in jenem Moment keinerlei Schatten: eine senkrechte Mauer, der Zeiger einer Sonnenuhr oder auch die Wände eines Brunnens.

Der Grund: Zufällig lag Syene fast genau auf dem Nördlichen Wendekreis bei einer geografischen Breite von 23,4 Grad. Überall auf diesem Nördlichen Wendekreis steht die Sonne einmal im Jahr genau senkrecht am Himmel, nämlich Mitte Juni am Tag der Sommersonnenwende.

Und noch ein weiterer geografischer Zufall spielte Eratosthenes in die Hände: Er konnte nämlich davon ausgehen, dass sein Arbeitsort Alexandria genau nördlich von Syene lag, die beiden Orte sich also auf demselben Längengrad befanden. Das stimmte nicht ganz: Alexandria lag eigentlich rund 250 Kilometer westlich von Syene. Doch für Eratosthenes' Versuch war die Annahme gut genug, und der Irrtum verfälschte das Endergebnis lediglich um etwa fünf Prozent.

Nun sind endlich alle Voraussetzungen für Eratosthenes' Experiment beisammen. Wenn am Mittag zur Sommersonnenwende die Sonne genau über Syene stand, zeigten ihre Sonnenstrahlen gewissermaßen direkt auf den Erdmittelpunkt. Das bedeutet zugleich: An einem anderen Ort auf demselben Längengrad – sagen wir Alexandria – warf die Sonne in diesem Augenblick einen Schatten, dessen Winkel genau dem Winkel zwischen Syene und Alexandria auf der Weltkugel entsprach. Im Mathematikunterricht der siebten Klasse würde man heute sagen: »Zwischen den parallelen Sonnenstrahlen und der Verbindungslinie Erdmittelpunkt–Alexandria lassen sich Wechselwinkel finden.«

Uff! Falls Ihr Geografieunterricht dafür zu lange zurückliegt, macht das gar nichts. Wir müssen uns nur zwei Dinge merken: Eratosthenes musste im richtigen Augenblick des Jahres einen Schatten in Alexandria vermessen und die Entfernung von dort nach Syene kennen – und schon konnte er den Umfang der Erdkugel ausrechnen.

Oft wird die Geschichte von Eratosthenes' Messung so erzählt, als sei er selbst in Syene gewesen oder als wäre er von Alexandria dorthin gereist, um die genaue Entfernung zu bestimmen. Doch das war überhaupt nicht notwendig. Mit seinem Wissen konnte Eratosthenes einfach in Alexandria bleiben, um im Moment der Sommersonnenwende den Schatten irgendeines Gegenstands – ganz gleich ob Sonnenuhr oder Obelisk – genau zu vermessen.

Auch musste Eratosthenes die Entfernung zwischen Alexandria und Syene nicht selbst bestimmen, sondern konnte sie wahrscheinlich einfach nachschlagen. Denn beide Städte lagen am Nil: dem Fluss, der überhaupt erst eine Hochkultur mitten in der Wüste Ägyptens ermöglicht hatte. Schon in den Jahrtausenden vor Eratosthenes war der Verlauf des Flusses, genau wie die jährliche Nilflut, stets so genau wie möglich vermessen worden.

Für seine Berechnung ging Eratosthenes davon aus, dass die Entfernung zwischen Alexandria und Syene nach dem damals üblichen Längenmaß 5.000 Stadien betrug. In Alexandria bestimmte er den Schattenwinkel zur Sommersonnenwende: ein Fünfzigstel eines Kreises oder in heutigen Begriffen 7,2 Grad. Nun musste er nur noch 5.000 Stadien mit fünfzig multiplizieren, um auf den Umfang der Erde zu kommen: 250.000 Stadien.

Nun ist natürlich die Frage aller Fragen: Was macht das in Kilometern? Das lässt sich dummerweise nicht mehr genau rekonstruieren. Das »Stadion« beruhte – wie der Name schon andeutet – auf den Abmessungen der damals üblichen Sportstätten. Die unterschieden sich aber im Laufe der Zeit und von Ort zu Ort. Mit welchen Stadien genau Eratosthenes rechnete, ist nicht überliefert.

Seine selbst verfasste Schrift *Über die Messung der Erde* könnte Aufschluss geben, doch sie ging lange nach Eratosthenes' Tod verloren, wahrscheinlich zusammen mit der Bibliothek von Alexandria. Erhalten ist heute lediglich eine Beschreibung von Eratosthenes' Experiment durch den griechischen Astronomen Kleomedes, der mehrere Jahrhunderte später lebte.

Wegen dieser Unsicherheiten lässt sich Eratosthenes' Resultat von 250.000 Stadien nicht genauer umrechnen als in: mindestens 36.000 und höchstens 46.000 Kilometer. Immerhin kommt dieser Wert dem heute bekannten Erdumfang von rund 40.000 Kilometern beeindruckend nah.

Als ich erstmals an dieser Geschichte gearbeitet habe, konnte ich es mir nicht verkneifen, selbst auf Eratosthenes' Spuren zu wandeln. Und so stand ich eines Sommertages mit einem Besenstiel, einem Zollstock und meiner kleinen Tochter im Tragetuch vor meinem Haus in Hamburg. Zusammen haben wir gemessen, dass der Schatten des senkrecht aufgestellten Besenstiels im Winkel von 53 Grad auf den Fußweg fiel.

Tatsächlich betrug der Schattenwinkel, wie ich im Internet nachgeschlagen habe, 51 Grad. Da ich nicht genau zur Sommersonnenwende gemessen habe, wäre zur Bestimmung des Erdumfangs noch eine zweite Messung nötig gewesen. Hätte im selben Moment ein Freund in München eine ähnlich (un-)genaue Messung vorgenommen, so wären wir im besten Fall auf einen Erdumfang von 40.500 Kilometern gekommen.

Immerhin! Dieses Resultat, glaube ich, hätte auch Eratosthenes gutgeheißen. Vorausgesetzt natürlich, ich hätte es ihm in Stadien umgerechnet.

Unser Platz im Universum

Dass die Erde eine Kugel ist, war den antiken Griechen schon zu Eratosthenes' Zeiten bekannt. Dieses Wissen ging auch in den folgenden Jahrhunderten nicht verloren. Besonders islamische Gelehrte bewahrten, übersetzten und erweiterten das Wissen der Antike. Im Mittelalter wurde es in europäischen Klöstern gesammelt, erneut übersetzt und verbreitet.

Somit wussten auch die Menschen im Mittelalter um die Kugelform der Erde. Dass die Erde im Mittelalter für eine Scheibe gehalten wurde, ist schlichtweg ein Mythos. Er wurde im 19. Jahrhundert erfunden und verbreitet, unter anderem von dem US-amerikanischen Schriftsteller Washington Irving.

Auf sein 1828 erschienenes Buch *Die Geschichte des Lebens und der Reisen Christoph Columbus* (im Original: *A History of the Life and Voyages of Christopher Columbus*) geht die Erzählung zurück, erst Kolumbus' Reise habe die Europäer von der Kugelform der Erde überzeugt. Das ist jedoch frei erfunden.

Doch einem anderen Irrtum saßen tatsächlich nahezu alle Gelehrten der Antike und des Mittelalters auf. Sie glaubten, dass die Erde im Zentrum des Sonnensystems oder gar des Universums stünde. Dieser Irrglaube wurde erst mit der wissenschaftlichen Revolution ab dem 16. Jahrhundert überwunden.

Kurioserweise durchlebte die Astronomie noch bis ins 20. Jahrhundert gelegentliche »Neuauflagen« dieser Revolution. Immer wieder musste sie der Wahrheit ins

Auge sehen, dass unser Platz im Universum nicht außergewöhnlich ist.

Heute steht fest: Die Erde steht nicht im Zentrum des Sonnensystems, das Sonnensystem nicht im Zentrum der Milchstraßen-Galaxie und die Milchstraßen-Galaxie nicht im Zentrum des Weltalls. Wir gehören zwar dazu – aber wir sind nicht der Mittelpunkt des Universums.

Obwohl die Erde eine Kugel ist, nehmen wir Menschen sie meist nur als flache Landschaft wahr – erst recht in meiner norddeutschen Heimat. Wann immer wir uns die Kugelform der Erde bewusst machen, überraschen und überwältigen uns die Dimensionen unseres Planeten. Das gilt umso mehr für das Kunststück, das im folgenden Kapitel beschrieben wird: der Erde beim Drehen zuzuschauen.

2.2. Ein Pendel geht um die Welt

Auf meinen Reisen durch Deutschland und Europa habe ich vermutlich schon vor gut einem Dutzend Foucaultscher Pendel gestanden. In vielen hohen Gebäuden hängen diese großen, schweren Pendel von der Decke, meist mehrere Stockwerke hoch aufgehängt. Auf den ersten Blick scheinen sie nichts Besonderes an sich zu haben – große, schwere Pendel eben.

Doch jede Besucherin, die diesem Pendel eine Zeit lang ihre Aufmerksamkeit schenkt, wird bemerken: Seine

Schwingungsrichtung scheint sich ohne erkennbaren Grund zu verändern. Beim Betreten des Museums mag das Pendel zwischen Haupteingang und Ausstellungshalle geschwungen haben, doch beim Verlassen einige Stunden später schwingt es plötzlich zwischen Garderobe und Kasse.

Mithilfe eines Tricks kann man die langsame Veränderung der Schwingungsrichtung auf einen Blick erkennbar machen. Viele Foucaultsche Pendel ziehen mit einer feinen Spitze eine Spur durch einen Sandkasten oder stoßen beim Ausschlagen kleine Figuren um, die im Kreis aufgestellt sind. An den Spuren im Sand oder den umgefallenen Figuren sieht man sofort: Das Pendel schwingt zwar gerade in eine bestimmte Richtung, doch irgendwann muss diese Richtung sich auch geändert haben.

Die rätselhafte Bewegung des Foucaultschen Pendels kommt zustande, weil die Erde sich um sich selbst dreht. Genauer gesagt: Die Erde dreht sich unter dem Pendel hindurch! Die Gefühle, die das Pendel auslöst, wusste schon sein Erfinder Léon Foucault haargenau zu beschreiben: »Jedermann verharrt in der Gegenwart des Experiments für ein paar stille, nachdenkliche Momente und verlässt es mit einem drängenden, lebhaften Bewusstsein unserer unablässigen Bewegung durch den Weltraum.«

Léon Foucault hatte nie einen Universitätsabschluss abgelegt. Der Sohn eines Verlegers brach ein Medizinstudium ab und eignete sich seine Fertigkeiten als Experimentator dann im Selbststudium und als Laborant an. Mit 30 Jahren half er Hippolyte Fizeau – den wir schon kennengelernt haben (Kapitel 1.2.) – bei der Verbesserung seiner Versuche zur Messung der Lichtgeschwindigkeit. Wenig später, im Frühjahr

1851, hielt er in seinem Tagebuch die Idee fest, die ihn zu Weltruhm bringen sollte.

Foucault erkannte: Jedes Pendel müsste im Laufe der Zeit eine Abweichung in seiner Schwingungsrichtung zeigen, da sich die Erde unter ihm hinweg drehte. Die scheinbare Drehung des Pendels wäre der Drehung des Planeten entgegengesetzt: Auf der Nordhalbkugel müsste das Pendel also im Uhrzeigersinn wandern. Doch warum war dieser Effekt zuvor niemals aufgefallen? Immerhin gab es seinerzeit schon seit fast zwei Jahrhunderten Pendeluhren, die sich niemals zu drehen schienen.

Diese Frage konnte ich praktischerweise meiner Mutter stellen, die das Handwerk der Uhrmacherin gelernt hat. Sie erklärte mir: Pendeluhren sind so konstruiert, dass sie nur in eine Richtung schwingen können. Das heißt, dass die Bewegung der Erde sehr wohl eine Kraft auf eine Pendeluhr ausübt, welche ihre Schwingungsrichtung verdrehen könnte. Doch die Aufhängung des Pendels und damit letztlich der feste Stand des Uhrengehäuses auf dem Boden verhindern diese Drehung.

Für Foucaults Versuch musste das Pendel also eine besondere Aufhängung haben, die eine freie Schwingung in jede Richtung erlaubte. Nur so ließ sich das Pendel vom Einfluss der Erddrehung befreien – und der Planet konnte sich frei unter dem Pendel hindurch drehen. Außerdem musste das Pendel ohne die geringste seitliche Ablenkung in Bewegung gesetzt werden. Es brauchte weiterhin eine perfekt symmetrische Form, um nicht durch seinen eigenen Luftwiderstand abgelenkt zu werden. Des Weiteren durfte es durch Lufttreibung und andere Einflüsse nicht zu stark gebremst werden, um möglichst lange ungestört schwingen zu können. All diese Anforderungen zusammengenommen führten Foucault zu der Einsicht, dass sein Pendel möglichst lang und möglichst schwer sein sollte.

Schon nach einigen Wochen gelang Foucault das Experiment im Gewölbekeller seines Hauses – mit einem gerade mal zwei Meter langen Pendel. Für eine eindrucksvolle Demonstration brauchte er jedoch ein viel schwereres Pendel und einen viel höheren Raum. Nur welchen? Zwar hatte Foucault als ungelernter Quereinsteiger keinen guten Ruf unter Pariser Forschern, doch der hochrangige Astronom François Arago gab ihm eine Chance.

Kurz darauf erreichte einige ausgewählte Wissenschaftler die rätselhafte Nachricht: »Ihr seid eingeladen, im Meridiansaal des Pariser Observatoriums die Welt drehen zu sehen.« Dort hatte Foucault ein Pendel von elf Metern Länge installiert, das die geladenen Gäste wie erhofft beeindruckte. Foucaults großer Durchbruch kam aber wenig später, im März 1851. Mit dem Wohlwollen des französischen Präsidenten Louis Bonaparte durfte er ein gewaltiges Pendel im Prachtbau des Pariser Panthéon für die breite Öffentlichkeit ausstellen.

Das 28 Kilogramm schwere Pendel war an einem 67 Meter langen Seil aufgehängt und lockte scharenweise neugierige Bürger an. Wie auch heute üblich hatte Foucault Sand verteilt, in dem das Pendel eine Spur hinterließ. Doch selbst ohne dieses Hilfsmittel war die Bewegung des Pendels offensichtlich: Laut Foucault »sahen wir das Pendel nach einer doppelten Schwingung von 16 Sekunden ungefähr zweieinhalb Millimeter links von seinem Ausgangspunkt zurückschwingen«.

Leider fiel die beliebte Installation wenige Monate später den Wirren des Staatsstreiches zum Opfer, in dem sich Präsident Louis Bonaparte zu »Napoleon III.« aufschwang und die Zweite Französische Republik beendete. Trotzdem wurde Foucaults Experiment in den folgenden Jahrzehnten an verschiedenen Orten wiederholt.

Foucaults Idee dieses simplen und doch so eindrucksvollen Experiments überlebte nicht nur ihn selbst, sondern überdauerte die Jahrhunderte. Es ist heute beinahe überall auf der Welt in unzähligen Museen, Universitäten und sogar manchen Kirchen ausgestellt. Jedoch: Es gibt einige Orte, an denen man niemals ein Foucaultsches Pendel finden wird. Dazu gehören sogar so bedeutende Millionenstädte wie Singapur, Nairobi oder Quito. Warum? Um das zu verstehen, müssen wir einen Schritt zurück nach Paris machen. Dort beobachtete schon Foucault selbst, dass eine vollständige Drehung des Pendels 32 Stunden dauert – obwohl die Erde sich in nur 24 Stunden einmal um sich selbst dreht. Foucault berechnete den Einfluss der Erddrehung auf das Pendel, um die Antwort zu finden.

Sein Resultat: Wie schnell sich das Pendel dreht, hängt vom Breitengrad ab, auf dem es steht. Foucaults Formel sagte korrekt voraus, wie sich seine Pendel überall auf der Welt verhalten müssten. Und tatsächlich: Am Physikalischen Institut der Universität Oslo hängt ein Foucaultsches Pendel, das weniger als 28 Stunden für eine Drehung braucht, während es im Nationalmuseum für Naturgeschichte und Wissenschaft der Universität Lissabon über 38 Stunden sind. Und: Bei einer geografischen Breite von null Grad ergibt sich überhaupt keine Drehung. Aus diesem Grund wären

Foucaultsche Pendel in Singapur, Nairobi oder Quito witzlos – diese Hauptstädte liegen einfach zu nahe am Äquator.

Nur an zwei Orten auf der Erde entspricht die Drehung eines Foucaultschen Pendels genau der Erddrehung von knapp 24 Stunden, nämlich am Nord- und Südpol. Das wissen wir heute nicht nur aus Foucaults Formeln, sondern auch, weil es ausprobiert wurde: Im Jahr 2001 lieferte eine Truppe umtriebiger Polarforscher aus den USA den Beweis. Bei eisigen −67 °C gelang es ihnen, an der Amundsen-Scott-Südpolstation, wenige Meter vom geografischen Südpol entfernt, ein Pendel von 25 Kilogramm mit einer 33 Meter hohen Aufhängung zu installieren. Wie erwartet vollführte das Pendel eine Drehung in 24 Stunden, jedoch zur Überraschung seiner Konstrukteure gegen den Uhrzeigersinn. Wie die Forscher später kleinlaut berichteten, hatten sie – allesamt von der Nordhalbkugel stammend – nicht bedacht, dass sich die Erde am Südpol im Uhrzeigersinn dreht.

Eine weitere faszinierende Variante zeigte der Wissenschafts-YouTuber »The Gentleman Physicist« im Jahr 2013.[4] Er hängte ein selbst gebautes Pendel in einem sechsstöckigen Treppenhaus auf und beobachtete es knapp eine Stunde lang. Er markierte auf dem Boden die anfängliche Schwingungsrichtung des Pendels sowie ihre allmähliche Änderung im Laufe der Zeit. Aus dem Winkel zwischen der ursprünglichen und der letzten Schwingungsrichtung sowie der verstrichenen Zeit berechnete er schließlich die geografische Breite seines Standortes auf weniger als 1,5 Grad genau. Als ich das

---

4 »Foucault's Pendulum: Watch the world turn.« von The Gentleman Physicist: https://youtu.be/M8rrWUUlZ_U

Video dieses Experiments bei der Arbeit an diesem Text zum ersten Mal sah, habe ich meinem Bildschirm laut zugejubelt!

Diese Spielereien zeigen, dass Foucaults Experiment auch nach Jahrhunderten nichts von seinem Reiz verloren hat. Wenn Ihnen auf Reisen (fernab des Äquators) das nächste Mal ein Foucaultsches Pendel begegnet: Verharren Sie doch für ein paar stille, nachdenkliche Momente. Sie werden es verlassen mit einem drängenden, lebhaften Bewusstsein unserer unablässigen Bewegung durch den Weltraum.

Foucault, Fizeau & Co. am Eiffelturm

Der Eiffelturm wurde von 1887 bis 1889 in Paris unter der Leitung des Brückenbauingenieurs Gustave Eiffel gebaut. Im Jahr 1889 fand in Paris eine Weltausstellung anlässlich des 100. Jubiläums der Französischen Revolution statt. Der Eiffelturm diente als Eingangstor zum Ausstellungsgelände.

Bisher haben wir zwei Forscher aus dem Paris des 19. Jahrhunderts kennengelernt: Hippolyte Fizeau, der die Lichtgeschwindigkeit bestimmte (Kapitel 1.2.), und Léon Foucault mit seinem Pendel. Als der Eiffelturm errichtet wurde, waren beide schon gestorben.

Trotzdem sind sie unzertrennlich mit dem Eiffelturm verbunden. Denn Gustave Eiffel verewigte an seinem Turm die Namen von insgesamt 72 bedeutenden Wissenschaftlern, Ingenieuren und Industriellen des damaligen Frankreich. Rund um die erste Plattform in 57 Metern Höhe stehen auf jeder Seite des Turms 18 Namen in 60 Zentimeter hohen, goldenen Buchstaben.

> Fizeau und Foucault gehören zu den Physikern, deren Namen am Eiffelturm stehen. In späteren Kapiteln werden wir noch zwei weitere kennenlernen: Henri Becquerel, ein Pionier bei der Erforschung der Radioaktivität, und Urbain le Verrier, der als Entdecker des Planeten Neptun gilt.

Wann immer wir dank neuer Forschungsergebnisse gezwungen waren, unsere Vorstellung von unserem Planeten grundlegend zu ändern, hat sich auch Widerstand geregt. Oft fiel es den Wissenschaftlerinnen und Wissenschaftlern schwer, sich mit ihren neuen Erkenntnissen Gehör zu verschaffen. Ganz gleich wie gewissenhaft sie arbeiteten, waren sie oft Anfeindungen und Spott ausgesetzt. Die folgenden beiden Kapitel erzählen von solchen Kontroversen, die noch in der zweiten Hälfte des 20. Jahrhunderts wüteten.

2.3. Revolution am Schreibtisch

Auf einer Konferenz traf ich einmal meinen geschätzten Kollegen Karl Urban, der Geologe ist und als Wissenschaftsjournalist arbeitet. Wir kamen ins Gespräch über unsere Arbeit: Ich erzählte, dass mich die Geschichten von Astronominnen und Astrophysikerinnen interessieren, die als Frauen lange Zeit nicht ernst genommen wurden, obwohl sie bahnbrechende Entdeckungen gemacht hatten. Karl Urban kannte einen ganz ähnlichen Fall aus seinem Fachgebiet: die Geschichte der Marie Tharp. Er hat sich dankenswerterweise die Zeit genommen, mir die Bedeutung ihrer Arbeit zu erklären, sodass ich ihre Geschichte hier erzählen kann. Marie Tharp widmete sich in den 1950er-Jahren der Frage: Welche Gestalt hat der Meeresboden?

Lange Zeit war darüber fast nichts bekannt. Zwar waren die Küstengebiete genau kartiert, damit Schiffe nicht auf Grund liefen, doch prinzipiell galt der Meeresgrund als geografisch uninteressante Fläche. In der Geologie herrschte ein Weltbild vor, wonach die Gestalt der Erde sich über gewaltige Zeiträume kaum merklich veränderte. Der Meeresgrund, so die Vermutung, müsste deshalb vom Wasser der Ozeane glatt gerieben sein und keinerlei interessante Merkmale aufweisen.

Ab Mitte des 19. Jahrhunderts wurden auf See vereinzelt Tiefenmessungen mit Loten vorgenommen, also mit Gewichten an langen Seilen. Sie offenbarten Berge am Ozeanboden, wie etwa den Mittelatlantischen Rücken zwischen Europa, Afrika und Amerika. Doch die Messungen waren so aufwändig, dass bis ins 20. Jahrhundert hinein nur wenige Hundert Stichproben gemacht worden waren. Erst das Echolot ermöglichte ab den 1920er-Jahren ein schnelles und kontinuierliches Vermessen des Meeresbodens. Das Echolot sendet einen kurzen Schallimpuls, der Schall wird am Meeresboden reflektiert und als Echo vom Gerät aufgezeichnet. Je mehr Zeit zwischen Aussenden des Schallimpulses und Empfangen des Echos vergeht, desto tiefer liegt der Meeresboden.

Ausgestattet mit dieser Technik machte das US-amerikanische Forschungsschiff *Atlantis* nach Ende des Zweiten Weltkriegs mehrere Zehntausend Tiefenmessungen im Nordatlantik. Das Interesse an einer Kartierung des Meeresbodens wuchs auch wegen des aufziehenden Kalten Kriegs, in dem sich die USA und die Sowjetunion unter anderem mit U-Booten gegenüberstanden. Doch auch diese Messungen waren nur punktuell: Sie gaben jeweils die Meerestiefe an einem bestimmten Ort an. Aus diesen Experimenten eine Karte des Meeresbodens zu erstellen, bedurfte mühsamer Handarbeit.

Genau diese Handarbeit leistete Marie Tharp. Sie hatte sich als Tochter eines Landvermessers einen Studienplatz in der von Männern dominierten Geologie erkämpft, begünstigt durch den Notstand des Zweiten Weltkriegs. Als eine von sehr wenigen Frauen errang sie nach dem Studium eine Position am gerade gegründeten geowissenschaftlichen Forschungsinstitut der Columbia University. Tharp war dort wegen ihres Talents für wissenschaftliche Zeichnungen eingestellt worden. Ihr wichtigster Kollege war Bruce Heezen, der auf zahlreiche Expeditionen zur Vermessung der Ozeane fuhr. Als Frau blieb Tharp die Arbeit auf einem Forschungsschiff zunächst verwehrt.

Marie Tharp gelang es dafür vom Schreibtisch aus, den Echolot-Experimenten weltbewegende Erkenntnisse zu entnehmen. Sie sortierte die Messdaten, glich sie mit den Logbüchern der Forschungsschiffe ab und zeichnete Profile des Ozeanbodens entlang ihrer Fahrtwege. Die mit Messdaten hinterlegten Profile übertrug sie auf meterlange Karten des Atlantiks. Die weiß gebliebenen Lücken füllte sie dank ihres geologischen Wissens zu einer geschlossenen Landschaft.

Die Geologin bemerkte dabei eine kuriose Gemeinsamkeit von Profilen im Nordatlantik: Sie zeigten zwischen den Gebirgskämmen des breiten Mittelatlantischen Rückens einen schmalen, steilen Graben. Sie interpretierte ihre Entdeckung als Grabenbruch und damit als Indiz dafür, dass hier Kontinentalplatten auseinanderdriften und einen Riss in der Erdkruste entstehen lassen.

Warum bildet sich ein Meeresrücken mit Grabenbruch, wenn Platten auseinanderdriften? Zu Beginn steht das starre Gestein der Erdkruste unter Spannung. Wo es besonders dünn ist, bilden sich mehrere Spalten. Eine zentrale Gesteinsscholle in der Mitte sinkt ab, und es entsteht ein Graben. Unter dem dünnen Basaltgestein im Graben drückt sich Magma von unten in die neuen Spalten und hebt die Grabenschultern an. Zusätzlich ziehen auf beiden Seiten die Krustenplatten das Gestein auseinander – ein zentraler, lang gestreckter Graben bleibt zurück, der sich zu einem Ozeanbecken weiten kann.

Heute findet sich diese Erklärung für die Gestalt des Meeresbodens in jedem Erdkundeschulbuch – doch im Jahr 1952 war sie geradezu skandalös. Anfang des 20. Jahrhunderts hatte der deutsche Meteorologe und Geowissenschaftler Alfred Wegener vorgeschlagen, dass die Kontinente in Bewegung waren und in der Vergangenheit auseinandergerissen und wieder kollidiert waren. Diese Theorie der Kontinentaldrift galt in weiten Teilen der Fachwelt jedoch als lächerliche Außenseiterthese.

Marie Tharp war jedoch überzeugt, einen Beleg für einen Grabenbruch unter dem Meer gefunden zu haben. Ihr Kollege Bruce Heezen aber tat ihre Idee zunächst als »Mädchengeschnatter« ab. Von der Existenz des Grabenbruchs konnte sie ihn im folgenden Jahr endlich überzeugen, als sie ihren Karten weitere Daten hinzufügte: die genauen Ursprungsorte von Seebeben. Sie ereigneten sich nämlich hauptsächlich entlang des von ihr entdeckten Grabenbruchs. Die vorwiegend männlichen Geologen der Zeit blieben jedoch skeptisch. Ein angesehener Forscher bezeichnete die zusammengestellten Daten der Echolote und Seismografen als wertlose »Informationsfetzen«.

Erst im Laufe der Zeit erkannte die Fachwelt den großen Wert von Marie Tharps Entdeckung. Endlich durfte sie auch selbst als leitende Wissenschaftlerin auf Forschungsreisen mitfahren. Trotz seiner ursprünglichen Skepsis arbeitete Marie Tharp weiter eng und respektvoll mit Bruce Heezen zusammen. Gemeinsam verarbeiteten die beiden die Messdaten unzähliger Expeditionen durch die Ozeane.

Das wichtigste Werk von Marie Tharp und Bruce Heezen wurde *The World Ocean Floor*: eine wunderschöne, kunstvoll gezeichnete Weltkarte mit der Gestalt aller Meeresböden. Sie ist ein ikonisches Werk für die Erforschung unseres Planeten, und gilt heute als ein zentraler Beweis für die Theorie der Plattentektonik. Heezen erlebte die Veröffentlichung der Karte im Jahr 1977 jedoch nicht mehr. Er starb kurz zuvor an einem Herzinfarkt – in einem U-Boot zur Vermessung des Mittelatlantischen Rückens.

Trotz aller Schwierigkeiten und Nachteile, die sie damals als Frau in der Wissenschaft erfuhr, schrieb Marie Tharp im Jahr 1999 über ihre Karriere: »Nur wenige können dies von ihrem Leben sagen: Die ganze Welt lag ausgebreitet vor mir (oder zumindest jene 70 Prozent davon, die von Ozeanen bedeckt sind). Ich hatte eine weiße Leinwand, um sie mit außerordentlichen Möglichkeiten zu füllen, ein fesselndes Puzzle zusammenzusetzen: die Kartierung des riesigen, verborgenen Meeresbodens.« Ihr war bewusst, welches Glück sie damit gehabt hatte: »Es war eine Gelegenheit, die nur einmal im Leben kommt – ja, nur einmal in der Geschichte der Welt – und das erst recht als Frau in den 1940er-Jahren.«

Mich beeindruckt vor allem der Schluss von Marie Tharps Rückblick auf ihr Leben als Forscherin. Auch nach all den Jahren war sie noch erfüllt von Staunen und Begeisterung für das, was sie entdeckt hatte: »Ich habe die meiste Zeit als Wissenschaftlerin im Hintergrund gearbeitet, doch ich bereue nichts. Für mich war es ein Glück, so eine interessante Arbeit zu haben. Den Grabenbruch entlang der Meeresrücken entdeckt zu haben, die sich 40.000 Meilen um die Welt ziehen – das war etwas Bedeutsames. Das konnte nur einmal passieren. Es gibt nichts Größeres zu entdecken – jedenfalls nicht auf diesem Planeten.«

Noch bis ins 19. Jahrhundert versuchten europäische Naturforscher oft, die Entwicklung der Erde und des Lebens im Einklang mit der christlichen Schöpfungsgeschichte zu erklären. So wurden beispielsweise geologische Beweise für die biblische Flut aus der Erzählung von Noah und seiner Arche gesucht.

Aus dieser Tradition heraus entwickelte sich eine Weltsicht, die auch ohne religiöse Bezüge davon ausging, dass der Lauf der Welt und des Lebens von verheerenden Katastrophen und gewaltigen Einschnitten geprägt war. Doch je besser Geologinnen und Geologen die Geschichte der Welt verstanden, desto mehr mussten sie einsehen: Die Erde hatte sich vor allem langsam, im Laufe von Jahrmillionen entwickelt. Auch die Evolutionstheorie passte besser zu allmählichen, graduellen Veränderungen als zu einer Weltgeschichte voll einzigartiger Katastrophen.

Eigentlich war diese Lehre der schleichenden Entwicklung der Welt also ein Fortschritt. Doch sie wurde zum Dogma und nährte noch bis in die 1980er-Jahre die tief sitzende Überzeugung: In all ihren Jahrmillionen hat sich die Gestalt der Erde niemals nennenswert gewandelt.

Doch dieses Bild wurde immer häufiger herausgefordert: etwa von Alfred Wegeners Idee der driftenden Kontinente und Marie Tharps Nachweis frischer Narben im Meeresgrund. Sie hatten einen schweren Stand in der Geologie, die sich an die Vorstellung einer unveränderlichen Erde klammerte.

Erst gegen große Widerstände setzte sich der heute akzeptierte Kompromiss durch: Meist verändert sich die Erde – und mit ihr das Leben – tatsächlich nur graduell im Laufe der Jahrmillionen. Doch manchmal ereignen sich auch Katastrophen, die das Antlitz der Welt und den Lauf der Evolution verändern.

Marie Tharps Arbeit belegte die langsame Veränderung der Kontinente. Die folgende Geschichte handelt von einer plötzlichen Katastrophe: dem schlimmsten bekannten Asteroideneinschlag in der Geschichte des Lebens auf der Erde.

2.4. CSI: Yucatán – der Cold Case von Chicxulub

Im Jahr 2017 fragten Meinungsforscher 893 Buchleserinnen und -leser in Deutschland, welche Genres sie lesen. Gut die Hälfte der Befragten gab an, dass Kriminalromane häufig zu ihrer Lektüre gehörten. Damit waren Krimis die beliebteste Kategorie, knapp gefolgt von Thrillern. Ich selbst lese nicht oft Krimis, aber habe durchaus manchmal Freude daran.

Eine der spannendsten wissenschaftlichen Entdeckungen der letzten Jahrzehnte lässt sich passenderweise als Kriminalgeschichte erzählen. Jahrelang spürten Ermittler einer Mordwaffe nach, suchten weltweit nach dem Tatort und stellten gewagte Vermutungen zum Tathergang eines lange zurückliegenden Ereignisses an. Ihre Frage: Wer oder was löschte die Dinosaurier aus?

Wie es sich für einen Krimi gehört, sind die persönlichen Verhältnisse der Ermittler von Bedeutung: Sie waren nämlich Vater und Sohn. Luis Alvarez hatte als Physiker im Zweiten Weltkrieg am US-Atombombenprogramm mitgearbeitet und Radartechnik für Kampfflugzeuge entwickelt. Dann forschte er auf dem brandneuen Feld der Teilchenphysik, wofür er 1968 den Nobelpreis erhielt.

Sein Sohn Walter Alvarez ist Geologe. Und weil sich die Geschichte der beiden genauso um die Geologie wie um die Physik dreht, habe ich mir erneut Hilfe von einer geschätzten Kollegin geholt. Thora Schubert ist Studentin der Geowissenschaften und erklärt ihre Wissenschaft mit Talent und Begeisterung auf der Science-Slam-Bühne, wo ich sie kennengelernt habe. Sie hat sich die Zeit genommen, mir als Physiker die Grundlagen der Geologie zu erklären – ganz so, wie es Walter Alvarez einst mit seinem Vater tat.

Walter Alvarez erforschte in den 1970er-Jahren die Geologie Italiens an einem Aufschluss nahe der Kleinstadt Gubbio. Aufschlüsse gehören zu den wichtigsten Arbeitsorten für jede Geologin. Dort liegen nämlich Gesteinsschichten einfach zugänglich und gut sichtbar frei. Die unvorstellbar langen Zeiträume, in denen sich diese Schichten bildeten, liegen wie ein offenes Buch vor den Forschern. Sie suchen in diesem »Geoarchiv« nach Hinweisen auf klimatische Verhältnisse, Flora und Fauna und andere Umstände in der fernen Vergangenheit.

Doch wertvolle Aufschlüsse sind selten, denn sie entstehen nur, wenn über sehr lange Zeit viele glückliche Umstände zusammenkommen. Zunächst muss es einen Ort geben, an dem sich über Jahrtausende oder gar Jahrmillionen ungestört Staub und anderes Material wie Sand oder Ton aus der Umgebung absetzen kann. Das kann beispielsweise ein stehendes Gewässer sein, an dessen Grund sich Schicht um Schicht übereinander legt. Die tiefer liegenden Schichten werden dabei immer weiter zusammengedrückt, weil immer mehr Gewicht auf ihnen lastet. Durch diesen Prozess namens Diagenese wird aus losem Material im Laufe der Zeit festes Gestein.

Bis dieses tief in der Erde versenkte Gestein wieder freigelegt wird, vergehen gut und gerne ein paar Millionen Jahre. Hunderte Meter darüberliegendes Gestein müssen entweder in Zeitlupentempo durch Erosion abgetragen werden – oder von Menschenhand. Aufschlüsse finden sich daher nicht nur in der freien Natur, sondern auch in Tagebauen oder nach Sprengungen für den Straßenbau in Bergregionen. Ganz gleich ob natürlich oder künstlich entstanden: Aufschlüsse sind für die geologische Forschung Gold wert.

Der Aufschluss, den Walter Alvarez bei Gubbio untersuchte, zählt heute zu den berühmtesten der Welt. Denn hier wurde Alvarez auf eine Schicht aufmerksam, die Ablagerungen aus zwei Zeitaltern der Erdgeschichte trennt: der Kreidezeit und des Paläogen. Schon damals war bekannt, dass sich an dieser Grenze vor etwa 66 Millionen Jahren ein Massenaussterben ereignet hatte, das beinahe alle größeren Landtiere auslöschte – darunter die Dinosaurier.[5]

Der Aufschluss, den Alvarez untersuchte, enthielt zwar keine Dinosaurier-Skelette, aber dafür die Fossilien winziger Schalentierchen namens Foraminiferen, von Alvarez liebevoll »Forams« genannt. Knapp unterhalb der Grenze – also vor dem Aussterben – waren die Forams vielfältig und mit bloßem Auge gut sichtbar. Darüber – also nach dem Aussterben – gab es nur noch wenige Arten mikroskopisch kleiner Forams.

Zwischen diesen beiden Schichten fand Alvarez eine weiche, kaum fingerdicke Schicht von Tongestein. Sie war offensichtlich genau zur Zeit des Aussterbens entstanden. Alvarez ahnte, dass diese Schicht eine offene Frage beantworten könnte: War das Aussterben schleichend vor sich gegangen, oder war es auf ein plötzliches Ereignis zurückzuführen?

Die Idee einer plötzlichen Katastrophe schien den meisten Geologen damals abwegig, ja sogar unseriös. Noch bis in die 1960er-Jahre dominierte in der Geologie das Dogma einer über die Jahrmilliarden praktisch unveränderlichen Erde. Schon im vorangegangenen Kapitel war Marie Tharp damit in Konflikt geraten. Doch genau wie Marie Tharp zwanzig Jahre zuvor fühlte sich auch Walter Alvarez nicht der vorherrschenden Lehre verpflichtet.

Die Tonsteinschicht im Aufschluss von Gubbio könnte eine Art Fingerabdruck der Katastrophe sein, die das Massenaussterben ausgelöst hatte. Doch Alvarez wusste nicht, wie er sie genau untersuchen sollte. Also präsentierte er

---

5 Mit Ausnahme der Vögel, denn: Vögel sind Dinosaurier. Das klingt unglaublich, gilt aber inzwischen als erwiesen. Hätte ich das doch schon als Kind gewusst!

seinem Vater, dem Physiknobelpreisträger, eine Gesteinsprobe aus Gubbio und erzählte ihm von dem Rätsel dahinter. Ganz wie sein Sohn gehofft hatte, war Luis Alvarez sofort gebannt.

Luis Alvarez hatte einen Einfall: Er wusste, dass jeden Tag mehrere Tonnen kosmischen Staubs aus dem Weltall auf die Erde niederregnen. Sollte die Tonstein-Schicht in Gubbio über lange Zeit entstanden sein, müsste sie viel von diesem Staub enthalten. Hätte sie sich aber in kurzer Zeit gebildet, wäre auch nur wenig kosmischer Staub darin gefangen.

Doch in jedem Fall wäre der Anteil des kosmischen Staubs an der Gesteinsschicht insgesamt verschwindend gering. Wie sollte man in dem Gestein mikroskopische Mengen von Staub identifizieren, der aus dem All gekommen war? Um Luis Alvarez' genialen Plan zu verstehen, müssen wir über viereinhalb Milliarden Jahre zurück auf den Beginn des Sonnensystems blicken.

Um die junge Sonne kreisten damals noch nicht die vertrauten Himmelskörper, sondern nur eine wabernde Wolke aus Gas und Staub. Diese Wolke war sozusagen der einheitliche Teig, aus dem alle heutigen Planeten, Monde, Kometen und Asteroiden gebacken wurden.

Doch mit einem Teig ist es bekanntlich nicht getan: Es kommt ganz darauf an, was man daraus macht. Teile der Gas- und Staubwolke ballten sich zu riesigen Brocken zusammen, aus denen die Planeten wurden. Sie entwickelten durch das Zusammenstürzen eine gewaltige Hitze und wurden sozusagen durchgebacken. Dabei sanken schwere Elemente eher nach innen, während die leichteren an die Oberfläche stiegen. So kommt es, dass der Kern der Erde aus schwerem Eisen besteht, während drum herum das leichtere Gestein liegt.

Andere Körper des Sonnensystems wurden dagegen nie durchgebacken – sie blieben so klein und kalt, dass sich ihre Elemente nie getrennt haben. Sie sind die rohen Teigreste, die nach dem Backen der Planeten im Sonnensystem verstreut blieben. Zu ihnen zählen viele Kilometer große Asteroiden, aber auch mikroskopische Staubteilchen, nach denen Luis Alvarez in den Gesteinsproben seines Sohnes Walter suchen wollte.

Um Spuren der Staubteilchen zu finden, musste sich Luis Alvarez auf ein chemisches Element konzentrieren, das im kosmischen Staub vorkam, auf der Erde aber so gut wie gar nicht. Von den rund 100 damals bekannten chemischen Elementen suchte er sich das Edelmetall Iridium aus. Denn als die Erde bei ihrer Entstehung durchgebacken wurde, verband sich nahezu alles Iridium mit Eisen und setzte sich im Erdkern ab. An der Erdoberfläche blieb praktisch nichts davon übrig: Hier zählt Iridium zu den seltensten Elementen überhaupt. Der Staub aus dem All war hingegen in all den Jahrmilliarden niemals durchgebacken worden, und enthielt deshalb noch seinen ursprünglichen, deutlich höheren Anteil von Iridium.

Luis Alvarez wollte deshalb das Tongestein aus Gubbio auf Iridium untersuchen: Fand er viel Iridium, musste es auch viel kosmischen Staub enthalten, also über lange Zeit entstanden sein. Geringe Mengen von Iridium wären dagegen ein Indiz, dass sich der Ton in kurzer Zeit abgesetzt hatte. Doch es blieb das Problem: Wie sollte man zwischen wenig Iridium und sehr wenig Iridium unterscheiden? Dafür kam Luis

Alvarez seine Erfahrung mit Kernreaktoren aus der Zeit des US-Atomwaffenprogramms zugute. Er war mit einer überaus präzisen Messmethode für kleinste Stoffmengen vertraut, die den wuchtigen Namen Neutronenaktivierungsanalyse trägt.

Dabei wird eine Probe mit Neutronen aus einem Kernreaktor beschossen. Die Neutronen verändern einige der Atomkerne in der Probe: Sie werden radioaktiv. Die Strahlung, die von den Atomkernen dann bei ihrem radioaktiven Zerfall abgegeben wird, lässt sich außerhalb der Probe auffangen und vermessen. Die genauen Eigenschaften der Strahlung liefern ein hochpräzises Bild davon, aus welchen Elementen die Probe besteht.

Die Messmethode war also perfekt geeignet, kleine und kleinste Mengen von Iridium in dem Tongestein zu finden, das zur Zeit des Massensterbens vor 66 Millionen Jahren entstand. Luis Alvarez gewann die Kernchemiker Frank Asaro und Helen Michel für die enorm aufwändige Untersuchung der Proben am Forschungs-Kernreaktor der Universität von Berkeley.

Doch das Erste, was Luis und Walter Alvarez von den Ergebnissen hörten, war ein Hilferuf. »Papa rief mich an«, erinnerte sich Walter Alvarez später, »und sagte: Frank will uns sehen. Es gibt ein ernstes Problem!« Das Problem war zu viel Iridium – viel zu viel! »Wir fanden einen gewaltigen Überschuss von etwa dem Dreißigfachen«, berichtete Frank Asaro in einem Fernsehbericht kurz nach der Entdeckung. »Wir fanden keine Erklärung für einen solchen Überschuss in der bekannten Chemie oder Geochemie der Erde.«

Ursprünglich wollten Walter und Luis Alvarez herausfinden: War das Tongestein langsam oder schnell entstanden, und enthielt es folglich wenig oder sehr wenig Iridium? Doch nun war die Frage: Wie um alles in der Welt hatte sich dermaßen viel Iridium in dem Tongestein ansammeln können – und was hatte es mit dem Massenaussterben vor 66 Millionen Jahren zu tun?

Wochenlang wälzte Luis Alvarez unzählige Bücher, telefonierte unablässig mit seinem Sohn in Italien und besprach sich laufend mit Frank Asaro und Helen Michel. Er warf eine Idee nach der anderen auf, die er entweder aus geologischen, chemischen oder physikalischen Gründen wieder fallen ließ – bis er schließlich eine Idee hatte, der niemand widersprechen konnte.

Ein Asteroid so groß wie der Mount Everest, so die Theorie, die Luis Alvarez vorschlug, war mit der zwanzigfachen Geschwindigkeit einer Gewehrkugel in die Erde gerast. Er durchschlug binnen weniger Sekunden die Erdatmosphäre und verdampfte beim Aufprall mindestens zu einem großen Teil. Die folgende Explosion schleuderte zig Kubikkilometer Gestein in die Luft. Glühende Trümmerteile flogen bis ins All hinaus und umrundeten die Erde wie eine Flotte von Satelliten, bevor sie in einem Regen von Feuerbällen niedergingen.

Der aufgewirbelte Staub verdunkelte daraufhin jahrelang die Sonne – wodurch, so Luis Alvarez' Idee, nahezu alle Pflanzen eingingen und die Nahrungsketten überall auf der Welt zusammenbrachen. Das Iridium im Tongestein stammte demnach nicht aus gemächlichen hinabgesunkenen Staubflocken – sondern aus dem verdampften Asteroiden, der in einem Sekundenbruchteil die Auslöschung von drei Vierteln allen Lebens auf der Erde besiegelte.

Luis und Walter Alvarez veröffentlichten diese Theorie im Jahr 1980 zusammen mit Frank Asaro und Helen Michel. Zehn Jahre lang erlitten sie erbitterte Anfeindungen aus der Geologie. Erst kurz nach Luis Alvarez' Tod wurde im Jahr 1990 ein versunkener, 150 Kilometer durchmessender Krater an der Küste der mexikanischen Yucatán-Halbinsel identifiziert, der perfekt zu dem vermuteten Einschlag passte. Im Zentrum des Kraters liegt ein Örtchen mit einem Maya-Namen, der heute stellvertretend für diese kosmische Katastrophe steht: Chicxulub (sprich: Tschik-schu-luub).

Seitdem finden sich immer mehr Beweise für die Theorie von Luis und Walter Alvarez. Überall in Nordamerika wurden kugelrunde Glaströpfchen gefunden, die als geschmolzenes Gestein weit hinaufgeworfen wurden und im freien Fall erstarrt sind, ehe sie zurück auf die Erde fielen. Spuren eines verheerenden Tsunamis finden sich bis in den Norden der USA. Mehrere Bohrungen in den Rand des Kraters bestätigten die Theorie vom Einschlag.

Zwar streiten Forscher bis heute, ob der Einschlag allein das Massenaussterben verursachte oder auch eine gleichzeitige Periode heftigen Vulkanismus auf dem indischen Subkontinent dazu beitrug. Doch eines ist unbestritten: In geologischen Aufschlüssen überall auf der Welt findet sich eine dünne Schicht zwischen den Ablagerungen der blühenden Kreidezeit und des nahezu ausgestorbenen frühen Paläogen. Diese Schicht enthält Iridium – und zwar so viel, dass es unmöglich von dieser Erde sein kann.

Kapitel 3

Auf großer Fahrt

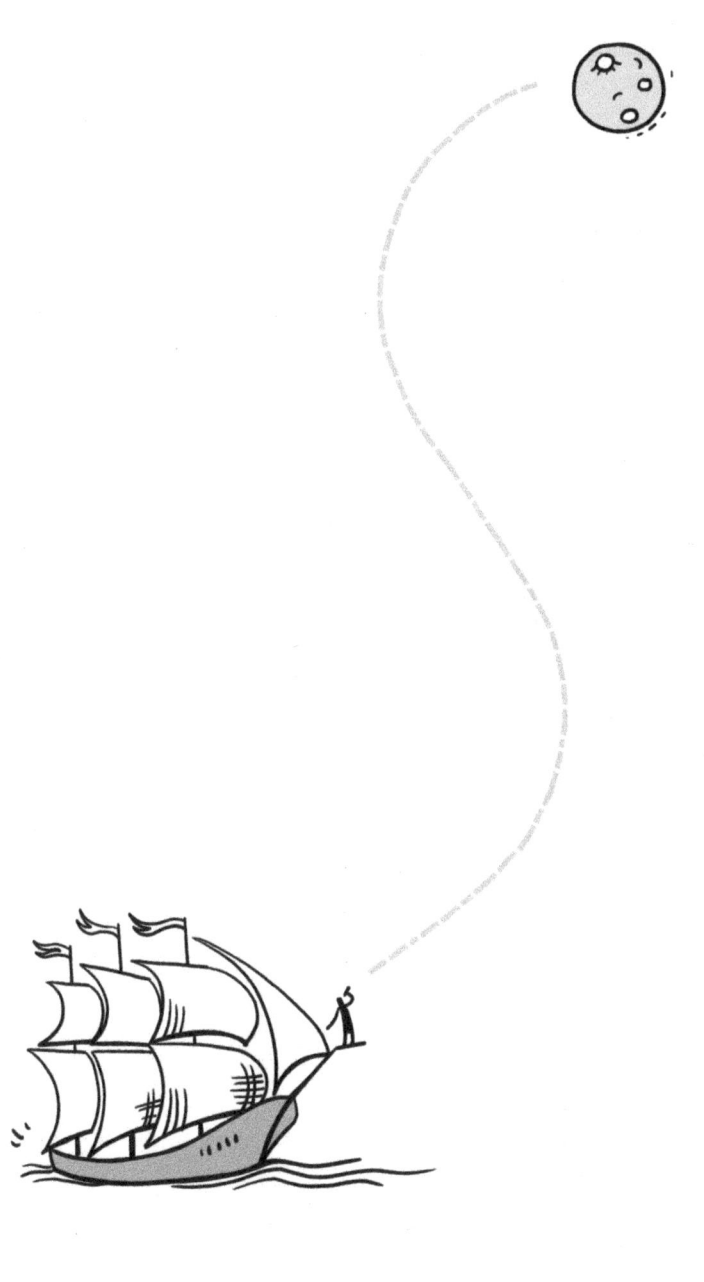

3.1. Schiffsuhr gegen Himmelsuhr

Als Astrophysiker ist es ein bisschen peinlich, aber ich muss gestehen: Ich habe noch nie einen Sextanten benutzt. Aber ich träume davon, einmal nur mit Papier, Bleistift, Armbanduhr und dem Sternenhimmel meine Position auf der Erde zu bestimmen.

In vergangenen Jahrhunderten hingen von dieser Fähigkeit sogar Leben ab. Seit der Antike navigierten Seefahrer nach den Sternen, doch ihr Wissen über den Lauf der Himmelskörper war lückenhaft. Regelmäßig verirrten sich Schiffe und sogar ganze Flotten. Zigtausende Seeleute erlitten Schiffbruch oder starben an Skorbut, während sie Land suchten.

Deshalb lobte das britische Parlament 1714 einen Preis für eine praktikable Methode aus, die Position auf See auf einen halben Längengrad genau zu bestimmen. Das entspricht einem Fehler von höchstens 56 Kilometern. Das buchstäblich astronomische Preisgeld betrug 20.000 Pfund – in heutigem Geld mehrere Millionen Euro.

Eine Position auf der Erdkugel lässt sich mit zwei Zahlen beschreiben: dem Breitengrad und dem Längengrad. Der Breitengrad gibt die Entfernung vom Äquator oder den Polen an, also die Position in Nord-Süd-Richtung.[6] Der Breitengrad lässt sich auch auf See vergleichsweise einfach

---

6 Früher bin ich mit Breiten- und Längengrad oft durcheinandergekommen. Heute merke ich es mir so: Der Ausspruch »in unseren Breiten« bezieht sich meist auf das Klima. Und ob es warm oder kalt ist, hängt vor allem davon ab, wie nah man dem Äquator oder den Polen ist. Der Breitengrad bestimmt auch das Verhalten des Foucaultschen Pendels aus Kapitel 2.2.

bestimmen, etwa anhand der Höhe des Polarsterns oder mit dem Sonnenstand und einem Kalender.

Der Längengrad ist dagegen eine harte Nuss. Bis zum 18. Jahrhundert gab es weder genug astronomisches Wissen noch ausreichend genaue Uhren, um das Problem zu lösen. Die Sache war so vertrackt, dass sie sich sogar in der Sprache der Zeit niederschlug: »den Längengrad finden« war ein geflügeltes Wort für ein schier unlösbares Problem, ähnlich der »Quadratur des Kreises«.

Das britische Parlament hatte 1714 eine Reihe hochrangiger Gutachter für die Vergabe des ausgelobten Preisgeldes bestimmt. Sie wurden zunächst mit den Spinnereien von Glücksrittern überhäuft. Dazu gehörte etwa die Idee, auf hoher See Schiffe in festen Abständen zu positionieren, die zu bestimmten Uhrzeiten weithin hörbare Kanonenschüsse abfeuern sollten. Erst ab Ende der 1730er-Jahre traten die Gutachter überhaupt persönlich zu Sitzungen zusammen und organisierten sich zu einer festen Längengrad-Kommission. Zu jener Zeit hatten sich endlich zwei wirklich aussichtsreiche Strategien herauskristallisiert.

Die erste setzte auf genaue Beobachtungen des Nachthimmels – dabei sind die Sterne auf den ersten Blick gar keine Hilfe beim Bestimmen des Längengrades. Das lässt sich anhand zweier Orte veranschaulichen, die auf demselben Längengrad liegen, aber eine gewisse Strecke in Ost-West-Richtung voneinander entfernt sind – nehmen wir die Hauptstädte Portugals und der USA, Lissabon und Washington: Der Sternenhimmel über Lissabon zeigt (abhängig von der Jahreszeit) gewisse Sternbilder, die verschieden hoch am Himmel stehen. Doch viereinhalb Stunden später stehen genau dieselben Sterne in derselben Höhe über Washington. Allein anhand der Sternbilder könnte eine Seefahrerin also nicht feststellen, ob sie vor Europa oder vor der US-Ostküste liegt.

Schon 100 Jahre bevor der britische Längengrad-Preis ausgelobt wurde, hatte Galileo Galilei eine Lösung vorgeschlagen: die von ihm entdeckten vier großen Monde des Jupiter, die ihren Planeten innerhalb weniger Tage umkreisen. Ihre Stellung lässt sich leicht vorausberechnen und kann dann wie ein Himmels-Uhrenblatt abgelesen werden. Doch ausreichend gute Teleskope waren damals für den Einsatz auf Schiffen nicht brauchbar. Zudem ist Jupiter abhängig von Breitengrad und Jahreszeit mitunter monatelang nicht am Himmel sichtbar – enorm unpraktisch für die Seefahrt.

Am aussichtsreichsten schien es, unseren eigenen Mond heranzuziehen. Der bewegt sich nämlich ziemlich schnell vor den Sternen hinweg: In nur einer Stunde ist er einmal um seinen eigenen Durchmesser vorangerückt. Damit ist es im Prinzip möglich, die Bahn des Mondes genau vorauszuberechnen und anhand seiner Stellung zu den Sternen die Zeit zu bestimmen. Der Mond als minutengenaue Weltzeituhr: eine geniale Idee, um den Längengrad zu bestimmen. Doch in den 1730er-Jahren war auch dies nur eine theoretische Lösung. Die Physik und die Mathematik waren nämlich noch nicht weit genug, um die Bahn des Mondes im All, und damit seine Position am Sternenhimmel, ausreichend genau vorauszuberechnen.

Der zweite Ansatz zur Lösung des Problems war mathematisch und astronomisch weit weniger anspruchsvoll, aber verlangte nach sehr genauen mechanischen Uhren. Sie sollten eine ganze Seefahrt lang die exakte Uhrzeit am Abfahrtsort anzeigen, dessen Längengrad bekannt war. Der Navigator konnte diese Uhrzeit dann mit dem Sonnenstand auf See vergleichen. Aus dem ermittelten Zeitunterschied ließ sich leicht der Längengrad berechnen. Noch Anfang des 18. Jahrhunderts galten ausreichend genaue und robuste Uhren gemeinhin als unmöglich. Sie hätten über Monate den Widrigkeiten einer Schiffsreise trotzen und dabei nur um wenige Sekunden falsch gehen dürfen.

Ausgerechnet der Sohn eines einfachen Schreiners, John Harrison, stellte sich der Herausforderung. 1735 präsentierte er seine erste Schiffsuhr, die H-1. Um das Preisgeld zu erhalten, so sahen es die Regeln vor, musste Harrison ihr Können auf einer Überfahrt von den Britischen Inseln in die Karibik beweisen. Aber die Kommission schickte Harrison 1736 nur auf Testfahrt nach Portugal. Auf dieser Überfahrt konnte der schwer seekranke Harrison tatsächlich die Fähigkeiten seiner Uhr beweisen. Doch bevor er die Uhr auf eine weitere, entscheidende Testfahrt schickte, wollte er sie verbessern. Es dauerte bis 1741, ehe sein Nachfolgemodell H-2 endlich bereit war. Dann jedoch machte der Österreichische Erbfolgekrieg, der fast ganz Europa erfasste, eine Überfahrt zum Test der Uhr unmöglich.

Harrison nutzte die Zwangspause, um seine Uhr noch weiter zu verbessern. Die Längengrad-Kommission blieb ihm gewogen und gewährte ihm immer wieder finanzielle Vorschüsse für seine Arbeit. Doch sein Perfektionismus wurde Harrison zum Verhängnis. Ganze 20 Jahre lang hielt er die Kommission hin, bis er sein favorisiertes Modell H-4 mit seinem Sohn William in das entscheidende Experiment schickte.

In dieser Zeit hatte die Konkurrenz aufgeholt. Der Astronom Nevil Maskelyne hatte sich der Vermessung der Mondbahn verschrieben. Genau wie viele seiner Kollegen sah Maskelyne die Mondvermessung als einzig wahre Lösung des Längengrad-Problems. Das Uhrwerk des Himmels war für sie ungleich edler und würdiger als ein profanes mechanisches Uhrwerk aus Holz und Metall.

Der alternde Harrison entsandte endlich im Jahr 1761 seinen Sohn mit der H-4 auf Testfahrt in die Karibik. Die Uhr bestand das Experiment mit Bravour: Sie ging nur um etwa fünf Sekunden falsch und bestimmte die Position des jamaikanischen Kingston auf rund eine Seemeile genau. Doch in London hatte sich der Wind gegen Harrison gedreht. Die Kommission verlangte eine zweite Überfahrt – und selbst als diese mit Erfolg absolviert war, wurde Harrison der Preis verweigert. Zu allem Überfluss wurde Nevil Maskelyne – der Harrison als ungebildeten Schrauber verachtete – Mitglied der Kommission.

Nun hatte Harrison praktisch keine Chance mehr. Obwohl er aus einfachen Verhältnissen kam, hatte er die besten Uhren seiner Zeit gebaut und das Längengrad-Problem gelöst. Doch das britische Establishment zeigte ihm wegen seiner Herkunft die kalte Schulter. Der inzwischen über 70-jährige Harrison wurde mit immer neuen Bedingungen gedemütigt: Man zwang ihn, seine H-4 vor anderen Uhrmachern auseinanderzunehmen. Später holte Maskelyne persönlich Harrisons Schiffsuhren für vermeintliche Tests aus dessen Haus ab und beschädigte sie. Erst als Harrisons Familie den König und das Parlament einschaltete, bekam er eine stattliche Summe ausgezahlt. Die offizielle Auszeichnung für die Lösung des

Längengrad-Problems bekam er aber nie verliehen. John Harrison starb als reicher, aber gebrochener Mann im Jahr 1776.

Harrisons Uhren waren zwar geniale Erfindungen gewesen, doch sie waren auch höchst komplizierte Unikate und damit keine praktische Lösung für die Seefahrt. Deshalb setzten sich zunächst die Mond-Daten für die Bestimmung des Längengrades auf See durch. Mehrere große Uhrmacher verbrachten Jahrzehnte damit, Harrisons Erfindung so weit zu vereinfachen, dass sie massentauglich wurde. Erst ein halbes Jahrhundert nach Harrisons Tod begann schließlich die Ära der Schiffsuhren. Sie dauerte rund 100 Jahre an, ehe die Navigation erneut revolutioniert wurde – diesmal durch die Funktechnik.

Eine Seglerin, die heute nach den Sternen navigiert, kombiniert die beiden Strategien, die zu Harrisons Zeiten in unerbittlicher Konkurrenz standen: eine genaue Schiffsuhr und den mit Himmelsdaten gespickten *Nautical Almanac*, der direkt auf Nevil Maskelyne zurückgeht. Doch meistens benutzen Seeleute heute die Satellitennavigation. Ihr Grundprinzip beruht darauf, dass an Bord der Satelliten Atomuhren laufen – die genauesten Uhren unserer Zeit. Für mich ist das ein später Sieg John Harrisons.

Tobias Mayer und die Vermessung des Mondes

Nachdem mein Text über John Harrison im P.M. Magazin veröffentlicht worden war, erreichte mich Post aus Marbach am Neckar. Dort hat sich der gemeinnützige Tobias-Mayer-Verein dem Gedenken an den deutschen Kartografen, Mathematiker und Astronomen Tobias Mayer verschrieben.

Die Geschichte des Längengrad-Problems, so schrieb man mir, ist unvollständig ohne den Beitrag des 1723 geborenen Tobias Mayer. Da ist was dran: Bereits Anfang der 1750er-Jahre veröffentlichte Mayer selbst erstellte Tabellen mit beispiellos präzisen Berechnungen der Position des Mondes am Himmel.

Für seine Arbeit hatte Mayer die Bewegung des Mondes um die Erde – die im Detail erstaunlich kompliziert ist – mit nie zuvor erreichter Genauigkeit mathematisch beschrieben. Seine Tabellen bildeten das Fundament für den *Nautical Almanac* des Neville Maskelyne und damit auch für die Positionsbestimmung auf See im späten 18. Jahrhundert.

Schon im Alter von 28 Jahren war Tobias Mayer zum Professor an der Universität Göttingen und zum Leiter der dortigen Universitäts-Sternwarte geworden. Neben seinen Beiträgen zur irdischen Kartografie fertigte er auch eine jahrzehntelang unübertroffene Karte des Mondes an. Für diese Leistung wurde sogar ein Krater auf der Mondvorderseite nach Tobias Mayer benannt.

Mayer starb 1762 mit nur 39 Jahren an Typhus. Seine Witwe bemühte sich um Anerkennung für seine Arbeit in England und bekam 3.000 Pfund zugesprochen – nach dem Preis für John Harrison die zweitgrößte Summe, die von der Längengrad-Kommission je vergeben wurde.

In Marbach am Neckar, eine halbe Stunde nördlich von Stuttgart gelegen, steht heute gleich neben dem Geburtshaus von Tobias Mayer ein modernes Museum mit vielen Informationen und Ausstellungsstücken zum Leben und Werk dieses Ausnahme-Wissenschaftlers. Für meinen nächsten Besuch in der Gegend steht es weit oben auf der Liste.

3.2. Abgehobene Messungen

Die Abschlussarbeit meines Physikstudiums habe ich im Jahr 2012 in einer Forschungsgruppe für Astroteilchenphysik geschrieben. Dieses Gebiet der Physik feierte damals gerade sein 100-jähriges Jubiläum, denn es wurde 1912 von dem österreichischen Physiker Victor Hess begründet. Natürlich drehte sich auch die Einleitung meiner Diplomarbeit um Hess' Experimente, für die er mitsamt seiner Messgeräte auf abenteuerliche Ballonfahrten gegangen war. Rückblickend muss ich sagen: Schade, dass die Einleitung so kurz war, denn sie war weitaus spannender als der Rest der Diplomarbeit.

Um das Jahr 1900 war die Physik einem neu entdeckten Phänomen auf der Spur: der Radioaktivität. Es war die Zeit von Wilhelm Röntgen und Marie Curie, deren Arbeit wir in

Kapitel 4 noch genauer kennenlernen werden. Für die Geschichte von Victor Hess und seinen Ballonfahrten ist besonders die damals neu entdeckte »Luftionisation« bedeutend.

Für gewöhnlich leitet die Luft keinen elektrischen Strom, sondern verhält sich wie ein Isolator. Doch unter bestimmten Einflüssen kann die Luft leitfähig werden, beispielsweise in der Nähe von radioaktiven Proben. Deren Strahlung kann die Luft »ionisieren«: Das bedeutet, dass einige Elektronen von ihren Atomen getrennt werden. Atome, die einige ihrer Elektronen verloren haben, heißen »Ionen« und sind elektrisch geladen. Normale Luft ist von elektrisch neutralen Atomen erfüllt und kann keinen Strom leiten. Doch ionisierte Luft enthält negativ geladene Elektronen und positiv geladene Ionen, wodurch sie als elektrischer Leiter dienen kann.

Doch den Forschern war auch aufgefallen: Luftionisation trat nicht nur in der Nähe von radioaktiven Stoffen auf, sondern in geringerem Maße praktisch überall. Man verdankte diese Erkenntnis immer besseren Elektroskopen. Diese Messgeräte konnten eine elektrische Ladung aufnehmen und ihre Stärke durch die Auslenkung geladener Metallteile anzeigen. Je stärker ein Elektroskop aufgeladen war, desto weiter schlug beispielsweise ein Zeiger aus oder desto stärker wurde ein dünner Metallstab verbogen.

Luftionisation ließ sich beobachten, indem ein Elektroskop aufgeladen und dann eine Zeit lang beobachtet wurde. Eine radioaktive Probe ionisierte mit ihrer Strahlung die Luft, wodurch die Ladung des Elektroskops langsam abfließen konnte und der Ausschlag des Messgeräts immer weiter zurückging, bis es schließlich all seine Ladung verloren hatte. Doch auch wenn es weit und breit keine radioaktiven Proben gab, verloren alle Elektroskope langsam, aber sicher ihre Ladung. Offenbar gab es immer und überall eine gewisse Luftionisation. Doch woher sollte die dafür nötige Strahlung kommen? Es musste offenbar eine allgegenwärtige Quelle für ionisierende Strahlung geben.

Man wusste bereits, dass sich eine Vielfalt radioaktiver Stoffe im Erdboden befand. Damit lag die Erklärung nahe, dass es Strahlung aus der Erde war, die immer und überall für eine Luftionisation sorgte, wodurch alle Elektroskope mit der Zeit ihre Ladung verloren. Doch es war auch bekannt, dass die Luft selbst die Strahlung dämpfte. Wenn es also gelänge, genügend Luft zwischen ein Elektroskop und den Erdboden zu bringen, müsste die rätselhafte Entladung des Messgeräts aufhören oder zumindest schwächer werden.

Blieb nur die Frage: Wie konnte man sich im Jahr 1910 möglichst weit vom Erdboden entfernen, um dieser Vermutung nachzugehen? Theodor Wulf, der selbst ein Ionisations-Messgerät entwickelt hatte, entschied sich für den Eiffelturm, der auch 20 Jahre nach seiner Errichtung noch das höchste Gebäude der Welt war. Der Italiener Domenico Pacini fuhr sogar mit einem Schiff aufs Mittelmeer hinaus, um zwischen sich und die Erde möglichst viel Wasser zu bringen, das die ionisierende Strahlung ebenfalls dämpfen müsste.

Beide Messungen lieferten aber dieselbe Überraschung: Die Ionisation war auf dem Eiffelturm und auf dem Mittelmeer zwar etwas schwächer – aber immer noch viel zu stark, als dass radioaktive Stoffe im Erdboden sie erklären könnte. Eine Schlussfolgerung lag in der Luft: Es musste eine weitere Strahlungsquelle geben. Kam die überschüssige Strahlung gar nicht von der Erde, sondern aus dem Weltraum?

Das Problem faszinierte die Physiker jener Zeit, und der 1883 in der Steiermark geborene Victor Hess wollte ihm mit Heißluftballons auf den Grund gehen. Seine wichtigsten Messungen begannen 1912 »am Klubplatze des K. K. Österreichischen Aero-Clubs, einem weiten, ebenen Rasenplatze im Wiener Prater«, wie er selbst berichtete. Von dort stieg Hess zwischen April und Juni 1912 zu sechs Ballonfahrten in bis zu zwei Kilometer Höhe auf, die ihn über Niederösterreich und das heutige Tschechien trugen.

Er hatte drei Elektroskope dabei, die zu Beginn der Messungen aufgeladen wurden. Gemessen wurde dann, wie schnell die rätselhafte Luftionisation die Geräte entlud. Victor Hess' Ergebnisse ähnelten denen seiner Kollegen. Die Ionisation war in großer Höhe zwar schwächer als am Boden, aber immer noch viel zu stark, um allein durch Strahlung aus der Erde erklärt zu werden. Auf seiner siebten Ballonfahrt wollte Victor Hess eine Rekordhöhe erreichen. Dafür besorgte er sich einen Wasserstoffballon, mit dem er und zwei Kollegen am 7. August 1912 vom tschechischen Ústí nad Labem (damals Aussig an der Elbe) starteten.

Die Bedingungen waren nicht ideal: Hohe Wolken bedeckten den Himmel, Victor Hess hatte nur »ungenügende Nachtruhe« gehabt und litt an einer »Magenindisposition«.[7] Er war jedoch entschlossen, seine Messungen durchzuführen. In vier Kilometern Höhe, bei −8 °C, überkam Hess zu

---

7 Bei diesen Worten von Victor Hess muss ich unweigerlich an eine Fernsehwerbung aus den 90er-Jahren denken, in der das beworbene Medikament einen Ballonfahrer vor unangenehmen Verdauungsproblemen bewahrt. Für unseren tapferen Physiker kam dieses Arzneimittel dummerweise mehr als ein halbes Jahrhundert zu spät auf den Markt.

allem Überfluss die Höhenkrankheit. »Um 10.45 Uhr hatten wir 5.350 m erreicht. Trotz Sauerstoff fühlte ich mich so schwach, dass ich nur mit Anstrengung an zwei Apparaten die Ablesungen ausführen konnte, die dritte Ablesung misslang.« Abstieg und Landung verliefen jedoch glimpflich: »Bei dem Abstiege fühlten wir uns noch recht matt bis 4.000 m, dann aber erholten wir uns überraschend schnell.« Das Team setzte den Ballon über 150 Kilometer vom Start entfernt im brandenburgischen Pieskow ab.

Die Werte, die Victor Hess in über fünf Kilometern Höhe gemessen hatte, waren eine Sensation: Die Ionisation war dort mehr als doppelt so groß wie am Erdboden! Noch im selben Jahr verkündete er der Fachwelt stolz seine Schlussfolgerung, die heute als Startschuss für ein ganzes Forschungsgebiet gefeiert wird: dass »eine Strahlung von sehr hoher Durchdringungskraft von oben her in unsere Atmosphäre eindringt«. Im Laufe der Jahrzehnte entwickelten sich aus Hess' Entdeckung ungeahnte Einblicke in verblüffende Phänomene: von gewaltigen Ausbrüchen unserer eigenen Sonne über die Supernova-Explosionen ferner Sterne bis hin zu den gewaltigsten Schwarzen Löchern im Universum.

Victor Hess' Ergebnisse wurden jedoch überaus verhalten aufgenommen, und die gebührende Anerkennung blieb ihm lange verwehrt. Erst 1936 bekam er den Physiknobelpreis zugesprochen, musste aber schon zwei Jahre später aus Österreich vor den Nationalsozialisten fliehen, die sogar sein Preisgeld einzogen. Hess wurde an einer Universität in New York heimisch, nahm 1944 die Staatsbürgerschaft der USA an und starb 1964 in seiner neuen Heimat.

Die Forschungsgruppe, in der ich meine Diplomarbeit schrieb, arbeitet übrigens an einem der weltweit leistungsfähigsten Instrumente zur Untersuchung der kosmischen Strahlung, das in Namibia steht. Wie üblich bei großen Experimenten in der modernen Physik ist sein Name eine spielerische englische Abkürzung. Übersetzt heißt das Instrument »Stereoskopisches System für Hohe Energien« – auf Englisch »High Energy Stereoscopic System«, oder kurz: H.E.S.S.

> ### Wie heute kosmische Strahlung untersucht wird
>
> Alles begann mit der Entladung einfacher Elektroskope auf Victor Hess' Ballonfahrten. Heute vermessen zahlreiche verschiedene Experimente die kosmische Strahlung.
>
> Das spektakulärste ist zweifellos »AMS-02«: ein tonnenschwerer Teilchendetektor auf der Internationalen Raumstation ISS. Er wurde 2011 mit dem Space Shuttle »Endeavour« ins All gebracht und fängt seitdem Teilchen aus den Tiefen des Alls ein, darunter sogar überaus seltene Antimaterie-Partikel (Kapitel 8.3.).
>
> Auf der Erde ist es nicht möglich, die Teilchen der kosmischen Strahlung selbst einzufangen. Schon viele Kilometer über dem Erdboden werden sie nämlich in Stößen mit den Atomen unserer Erdatmosphäre zerstört. Doch glücklicherweise lösen diese Kollisionen »Luftschauer« aus: lawinenartig anwachsende Teilchenwolken, die sich auch am Erdboden durch

verräterische Strahlung und schwache Lichtblitze bemerkbar machen.

Forscher untersuchen diese Luftschauer mit unterschiedlichen Instrumenten. Manche arbeiten mit einfachen Teilchendetektoren, zu Hunderten und Tausenden über große Flächen verteilt. Andere setzen auf hochempfindliche Kameras, die schwache Lichtblitze der Luftschauer einfangen. Zu letzteren gehört auch H.E.S.S.

Und das ist nicht alles: Seit den 1990er-Jahren sind immer wieder Teilchendetektoren an Wetterballons viele Kilometer hoch geflogen, um dort kosmische Teilchen einzufangen, bevor sie von der Erdatmosphäre zerstört werden. Einer der besten Orte für solche Experimente ist der Südpol, wo die Ballons dank besonderer Winde mit etwas Glück wochenlang in der Luft bleiben können.

Ich bin sicher, dass auch Victor Hess von diesen Experimenten beeindruckt wäre. Und er wäre zweifellos erleichtert zu erfahren, dass die Messgeräte auf ihren wochenlangen Flügen auch ohne menschliche Besatzung funktionieren.

3.3. Das Schiff, das kein Magnetfeld hatte

Als Mitte 2020 meine erste Titelgeschichte im P.M. Magazin erschien, war ich sehr stolz und zeigte das Heft überall herum.[8] Wie so oft war ich bei der Recherche auf zahlreiche Geschichten neben der eigentlichen Geschichte gestoßen, die im Artikel keinen Platz gefunden hatten. Eine davon handelt von einem Schiff, das Anfang des 20. Jahrhunderts die ganze Welt umsegelte, um das Erdmagnetfeld zu vermessen.

Das Besondere: Es war eigens aus nicht magnetischen Materialien gebaut worden. Die Geschichte des kuriosen Schiffes ist ein hervorragendes Beispiel dafür, was die Wissenschaft Außergewöhnliches hervorbringen kann, wenn sie ohne Kompromisse nach den bestmöglichen Messergebnissen strebt.

Die Erde hat ein Magnetfeld, das – grob gesagt – dem eines Stabmagneten mit einem magnetischen Nord- und Südpol ähnelt. Es erscheint uns Menschen schwach, da selbst ein einfacher Kühlschrankmagnet stärker an einem Stück Eisen zieht als das Erdmagnetfeld. Doch dafür umspannt es die ganze Welt und reicht sogar weit ins All hinaus.

Der Einfluss des Erdmagnetfelds ist zwar schwach, doch nahezu überall auf der Welt einheitlich. Egal ob in China, in Chile oder im Chiemgau: eine frei gelagerte eiserne Kompassnadel wird sich in Nord-Süd-Richtung ausrichten. Diese Tatsache ermunterte die Menschheit schon vor Jahrtausenden, sich mit Schiffen auf die Meere zu wagen.

---

8 Neben meiner Titelgeschichte enthielt das Heft 06/2020 auch einen Artikel von mir über die Planeten Uranus und Neptun und natürlich die Kolumne »Bükers Testgelände«. Ein echtes Highlight meiner Arbeit für das P.M. Magazin!

Doch in Wahrheit zeigt ein Kompass nicht genau in Richtung des geografischen Nord- oder Südpols. Stattdessen richtet er sich nach den Magnetpolen aus, die im Laufe der Jahre und Jahrhunderte wandern und dabei mitunter Tausende Kilometer abseits der geografischen Pole liegen können. Darüber hinaus schwankt das Magnetfeld lokal, wodurch auch Kompassnadeln an jedem Ort der Welt eine bestimmte Missweisung, oder auch »Deklination«, haben. Um nicht in die Irre geleitet zu werden, müssen Schiffe deshalb stets Informationen darüber mitführen, wie groß die Deklination in dem Gebiet ist, das sie befahren.

Die Daten für solche Karten und Tabellen wurden im 19. Jahrhundert von verschiedenen Expeditionen erhoben, vor allem von den britischen Forschungsschiffen *Challenger* und *Discovery* sowie den deutschen Schiffen *Gazelle* und *Gauß*. Sie hatten bis 1900 schon gute Messdaten für die Weltmeere geliefert – mit Ausnahme des Pazifischen Ozeans. Neue Daten kamen jedoch wegen der beschwerlichen Bedingungen auf hoher See nur langsam hinzu. Zudem ließen sich altehrwürdige Organisationen wie die britische Marine und die deutschen Akademien reichlich Zeit damit, ihre Ergebnisse zu veröffentlichen.

Das sollte sich ab dem Jahr 1905 ändern. Eine aufstrebende Forschungsorganisation aus den USA – einem Land, das selbst ein Newcomer auf der Weltbühne war – wollte die Verhältnisse aufmischen. Die Carnegie Institution of Washington war wenige Jahre zuvor vom Industriemagnaten und Philanthropen Andrew Carnegie gegründet worden. Ihre Mission: die Erforschung des Erdmagnetfelds an Land und auf See.

Zu diesem Zweck mietete die Carnegie Institution von 1905 bis 1908 die *Galilee*, eines der schnellsten und schönsten Segelschiffe im Pazifik. Der 40 Meter lange Zweimaster wurde so weit wie möglich von magnetischem Metall befreit. Beispielsweise wurde die Takelage aus Drahtseilen durch Tauwerk aus Hanf ersetzt. Ausgestattet mit vielen Messgeräten segelte die *Galilee* in knapp drei Jahren über 100.000 Kilometer durch den Pazifik und sammelte wertvolle Daten.

Doch die Messungen waren beschwerlich, denn der Umbau hatte der *Galilee* einige Stahlbolzen lassen müssen – sie hielten das Schiff zusammen. Eben diese Stahlbolzen verzerrten aber die Messungen empfindlich, denn das Eisen im Stahl konnte ein eigenes Magnetfeld ausbilden. Zu allem Überfluss änderte sich dieses je nach Kurs und Position, sodass der Einfluss der Stahlbolzen alle paar Tage in einem langwierigen und fehleranfälligen Verfahren bestimmt werden musste. Auch frühere Expeditionen hatten sich mit dieser Prozedur herumplagen müssen, die als »Schwingen des Schiffs« bezeichnet wurde. Dabei musste das Schiff für jeweils einige Minuten in 16 verschiedene Richtungen gedreht werden, während in jeder Position das Magnetfeld gemessen wurde, um schließlich den Einfluss der Stahlteile herausrechnen zu können.

Obwohl die *Galilee* wertvolle Daten lieferte, war man bei der Carnegie Institution über diese Umstände mehr als unglücklich. Als endlich das nötige Geld bereitstand, ließ man daher ein eigenes Schiff bauen, das perfekt auf die Mission zugeschnitten war: das Forschungsschiff *Carnegie*.

Es war der *Galilee* nachempfunden, kam aber praktisch ganz ohne magnetische Teile aus. Wo die *Galilee* von Stahlbolzen zusammengehalten wurde, hatte die *Carnegie* Holzstifte und Nägel aus Bronze. Auch Manganstahl und andere nicht magnetische Metalle wurden verbaut.

Mit ihrer nicht magnetischen Konstruktion und Messgeräten, die auf der *Galilee* für den Einsatz auf hoher See perfektioniert worden waren, sammelte die *Carnegie* von 1909 an mehr als 20 Jahre lang wertvolle Daten über das Erdmagnetfeld und seine Entwicklung. Auf sieben großen Fahrten, darunter eine vollständige Umrundung des antarktischen Kontinents, legte sie insgesamt mehr als 380.000 Kilometer zurück – fast das Zehnfache des Erdumfangs.

Doch eine technische Neuerung wurde der *Carnegie* zum Verhängnis: ihr Motor. Die *Carnegie* brauchte auch als Segelschiff einen Motor, um in Häfen einfacher manövrieren zu können und um bei Windstille den richtigen Kurs für eine Messung halten zu können. Bereits 1909 war ein Sauggasmotor verbaut worden, der mit Kohlegas arbeitete, denn Kohle als Brennstoff war auch in entlegenen Gegenden der Welt zu bekommen.

Bereits zehn Jahre später war Benzin allerdings weltweit allgegenwärtig geworden, sodass auch der Antrieb der *Carnegie* darauf umgerüstet wurde. Zwar waren Dampfmaschinen damals für Schiffe besser erprobt, doch es gab sie nicht in einer Bauweise, die ohne magnetisches Metall auskam. So erhielt die *Carnegie* einen außergewöhnlichen, nicht-magnetischen Benzin-Verbrennungsmotor.

Auf der siebten großen Fahrt der *Carnegie* kam es im November 1929 vor Samoa zu einer Explosion beim Nachtanken. Der langjährige Kapitän James P. Ault wurde dabei getötet, und die *Carnegie* brannte vollständig ab.

Das wahrscheinlich einzige mit der *Carnegie* vergleichbare Schiff war die sowjetische Заря (*Sarja*, übersetzt etwa: »Dämmerung«): ein 1953 umgebautes Exemplar einer großen Gruppe von Dreimastern, die nach dem Zweiten Weltkrieg als Reparation von Finnland an die Sowjetunion gingen.

Über das Schicksal der *Sarja* ist wenig bekannt. Auf einer russischsprachigen Internetseite schreibt jemand als einer ihrer Matrosen, dass sie fünfzehn Jahre lang das Erdmagnetfeld erforschte, aber in den Wirren des Zusammenbruchs der Sowjetunion schließlich von einem Schrotthändler gekauft und mutwillig abgebrannt wurde.

Heute wird das Erdmagnetfeld vor allem mit Bojen und Satelliten vermessen. Doch es ist im ständigen Wandel begriffen: die Lage der Magnetpole, die Stärke des Magnetfelds und die örtlichen Abweichungen verändern sich von Jahr zur Jahr. Deshalb ist es besonders wichtig, heutige Beobachtungen mit historischen Daten zu vergleichen. Sofern es dabei um Daten aus dem frühen 20. Jahrhundert geht, gibt es kein Vorbeikommen an den Messdaten eines ganz besonderen Schiffes: der nicht magnetischen *Carnegie*.

Was das Erdmagnetfeld für uns bedeutet

Das Magnetfeld der Erde entsteht tief im Kern unseres Planeten, wo gewaltige Massen flüssigen Metalls in ständiger Bewegung sind. Ihre Bewegung erzeugt ein Magnetfeld nach den Gesetzen der Magnetohydrodynamik (die genauso fürchterlich kompliziert sind, wie es ihr Name vermuten lässt).

Das Erdmagnetfeld lenkt nicht nur unsere Kompassnadeln ab. Es schützt auch das Leben auf Erde vor schädlicher Strahlung aus dem All. Das Erdmagnetfeld lenkt nämlich geladene Teilchen des Sonnenwindes ab, sodass sie nicht alle direkt auf die Erde treffen. Das schützt auch die Ozonschicht der Erdatmosphäre, die wiederum gesundheitsschädliches UV-Licht abfängt.

Andere Orte in unserem Sonnensystem – wie etwa der Mond oder der Planet Mars – profitieren nicht von einem solchen Magnetfeld, was sie zu lebensfeindlicheren Orten macht. Natürlich ist es dort ohnehin ungemütlich: etwa wegen der fehlenden Luft auf dem Mond oder der bitteren Kälte auf dem Mars.

Doch selbst wenn sich eine Astronautin mit einem Raumanzug gegen Luftmangel und Kälte wappnen könnte: der Gefahr durch höhere Strahlenbelastung wäre sie dennoch ausgesetzt. Eine Sorge, die wir auf der Erde nicht haben – Magnetfeld sei Dank.

Kapitel 4

Unsichtbar und tödlich

4.1. Wilhelm Conrad Röntgen hat den Durchblick

Als Physiker liebe ich es, Daten zu sammeln – auch zu Hause. Als ich einmal ein neues Messgerät für den Stromverbrauch von Haushaltsgeräten hatte, ging es in meiner Wohnung tagelang rund: Ich tigerte durch alle Zimmer, um alle erdenklichen Geräte zu vermessen. Meine Frau war erst amüsiert, dann leicht genervt. Später musste ich im Elektromarkt schweren Herzens an einem Infrarot-Thermometer mit Ziellaser vorbeigehen: Die wochenlangen Messreihen an Möbeln, Kochtöpfen und Personen hätten unser harmonisches Zusammenleben gefährdet.

Dabei wäre das nur ein Klacks gewesen gegen die akribische Experimentierwut, die im Jahr 1895 die Ehe von Wilhelm und Anna Röntgen strapazierte. Immerhin brachte sie Röntgen auch den allerersten Physik-Nobelpreis ein. Wilhelm Conrad Röntgen hatte Anna Bertha Ludwig während seines Maschinenbaustudiums in Zürich kennengelernt. Als sie 1872 heirateten, war er bereits Assistent des damals prominenten Physik-Professors August Kundt. Nach der Hochzeit zog Wilhelms Forscherkarriere das Paar über Straßburg, Stuttgart und Gießen nach Würzburg. Dort lebten sie ab 1888 mit ihrer Adoptivtochter Josephine.

Im Jahr 1895 war Röntgen 50 Jahre alt und gerade Rektor der Universität Würzburg geworden. Seine Familie dürfte zumeist wenig von ihm gehabt haben, und so war er auch am Abend des 8. November 1895 wie üblich als Letzter noch im Labor. Röntgen forschte, wie es damals etliche Physiker taten, mit Kathodenstrahlröhren. Dies waren Glasröhren, aus denen ein Großteil der Luft ausgepumpt war. Zwei metallene Kontakte ragten in die Glasröhre und dienten als Elektroden, zwischen denen eine elektrische Spannung angelegt wurde. War diese Spannung groß genug, kam es zu einer elektrischen Entladung, die von einem rätselhaften Leuchten begleitet wurde. Die Erforschung dieser Leuchterscheinung führte letztlich zur Entdeckung des Elektrons. Eine Kathodenstrahlröhre schießt nämlich diese winzigen, elektrisch negativ geladenen Teilchen mit hoher Geschwindigkeit durch das Gas, welches dabei zum Leuchten angeregt wird.

Doch da war auch noch die Entdeckung, die Wilhelm Conrad Röntgen in seinem stockdunklen Labor an jenem 8. November 1895 machte. Er bemerkte, dass ein Häufchen Kristalle auf seinem Labortisch immer dann aufleuchtete, wenn sich seine Kathodenstrahlröhre entlud – und zwar auch dann, wenn die Röhre in einem schwarzen Karton stand. Röntgen war verblüfft: Was könnte den lichtdichten Karton durchdringen und die Kristalle zum Leuchten bringen? Das normale Leuchten einer Kathodenstrahlröhre war es jedenfalls nicht. Er beschloss, der Sache nachzugehen – so gründlich, dass ihn monatelang nichts anderes beschäftigte.

Seine Vermutung: Eine unsichtbare Strahlung entstand in der Röhre und drang durch den Karton nach außen, wo sie die Kristalle anregte. Die Natur der Strahlung war so rätselhaft, dass Röntgen sie »X-Strahlung« nannte. Um ihr auf den Grund zu gehen, unternahm er einen wahren Experimentier-Marathon. Röntgen bestrich zunächst eine Leinwand mit einer Farbe, die genauso leuchtete wie seine Kristalle. Dann hielt er wochenlang einen Gegenstand nach dem anderen, ein Material ums andere zwischen Röhre und Leinwand.

Leuchtete die Wand hinter seinem Versuchsobjekt, wurde es von den Strahlen durchdrungen. Warf es dagegen einen Schatten, war es für die Strahlung undurchlässig.

Ein 1.000-seitiges Buch? Durchlässig. Holz? Durchlässig. Mit Bleifarbe bemaltes Holz? Weniger durchlässig. Aluminium? Einigermaßen durchlässig. Gummi? Durchlässig. Glas? Durchlässig – außer Bleiglas! Röntgen versuchte es mit Prismen aus verschiedenen Materialien, mit Flüssigkeiten und Gasen, hielt dick oder dünn gewalzte Metallplatten vor den Schirm und leuchtete mit seinen Strahlen sogar durch die Tür seines Labors. Ich stelle mir vor, wie Röntgen abends nach Hause kam und seine Frau Anna ihn fragte: »Na, was hast du heute in den Strahl gehalten?«

Woraus die Strahlung bestand und wodurch sie ausgelöst wurde, konnte Röntgen anfangs noch nicht wissen. Heute ist sie gründlich erforscht: Die Röntgenstrahlung ist eine Variante der elektromagnetischen Strahlung, zu der auch das vertraute sichtbare Licht zählt. Röntgenstrahlung hat allerdings eine weitaus höhere Energie als sichtbares Licht. Sie entsteht, wenn schnelle Elektronen – die Röntgen als »Kathodenstrahlen« kannte – auf Atome treffen.

Die Elektronen können mit den Atomen entweder kollidieren oder sie verfehlen. Verfehlt ein solches Elektron ein Atom, kann seine Bahn im Vorbeiflug abgelenkt werden, was sie zum Abgeben von Röntgenstrahlung anregt. Wenn das Elektron stattdessen mit dem Atom kollidiert, kann es eine Lücke in dessen Atomhülle schlagen, wodurch in der Folge ebenfalls Röntgenstrahlung frei wird. All dies wurde erst viel später verstanden – für Röntgen ging es zunächst nur darum, was die Röntgenstrahlung alles durchdringen konnte.

Aus seinen Veröffentlichungen spricht seine grenzenlose Fantasie: »Mit einer solchen Röhre habe ich von dem Doppellauf eines Jagdgewehres mit eingesteckten Patronen ein sehr schönes photographisches Schattenbild erhalten.« Man möchte Röntgen geradezu am Kragen packen und ihn vor seinem Übermut warnen, wenn er schreibt: »Das dicht an den Entladungsapparat herangebrachte Auge bemerkt nichts.« Auf den Gedanken, dass die Strahlung gesundheitsschädlich sein könnte – und man sein Auge deshalb nicht dicht an den Apparat bringen sollte – kam er nicht.

Nach einigen Wochen kam es, wie es kommen musste: Röntgen waren die Metalle, Möbel, Gase und Alltagsgegenstände ausgegangen. Er beschloss, dass es Zeit war, seine Frau in den Strahl zu halten. Am 22. Dezember 1895 entstand das weltberühmte Foto, das als »erstes Röntgenbild« in die Geschichte einging: Es zeigt die Knochen von Annas Hand und den deutlichen Schatten eines Ringes am Ringfinger. Anna selbst war dieser Anblick eher unheimlich.

Schon kurz nachdem Röntgen seine Entdeckung öffentlich gemacht hatte, verfiel die ganze westliche Welt in eine Röntgen-Manie: Die wundersame Fähigkeit, Menschen zu durchleuchten, hielt Einzug in Krankenhäuser und Feldlazarette, in Gerichtssäle und Schuhgeschäfte, ja sogar auf Jahrmärkten und in der Kunst. Von der Gesundheitsgefahr, die dieser Trend mit sich brachte, ahnte damals niemand etwas. Zwar passiert ein Großteil der Strahlung den Körper ungehindert, und geringe Mengen Röntgenstrahlung sind kaum bedenklich – doch je mehr Strahlung ein Körper ausgesetzt ist, desto größer ist das Risiko einer Krebserkrankung. Grund ist, dass die Strahlung das Erbgut lebender Zellen beschädigen kann.

Versagen die vielfältigen körpereigenen Mechanismen zur Reparatur solcher Schäden, kann es im äußersten Fall zu einem unkontrollierten Zellwachstum kommen: der Ursache von Krebs.

Zahlreiche Forscherinnen und Forscher sowie Röntgenärzte und -schwestern bezahlten für dieses Unwissen in den folgenden Jahrzehnten mit ihrer Gesundheit oder sogar ihrem Leben. Auch Bergleute, die radioaktive Stoffe aus der Erde holten, wurden geschädigt, genau wie Industriearbeiterinnen, die sie als Leuchtmittel in Uhren verbauten. Der Strahlenschutz wurde erst langsam im Laufe des 20. Jahrhunderts zur Regel in der Medizin und der Industrie. Zu Röntgens Zeiten galt die Röntgenstrahlung jedoch noch als uneingeschränkter Segen für die Menschheit – und entsprechend wurde ihr Entdecker gefeiert. Röntgen nahm im Jahr 1901 den ersten Physik-Nobelpreis aller Zeiten für seine Entdeckung entgegen.

Doch der bescheidene Wilhelm Conrad Röntgen wusste kaum etwas mit seinem Weltruhm anzufangen. Er spendete das millionenschwere Preisgeld seines Nobelpreises. Außerdem akzeptierte er nie den Begriff »Röntgenstrahlung«, sondern blieb bei seiner eigenen Wortschöpfung »X-Strahlung«. Im Deutschen setzte sie sich nicht durch, doch immerhin ist im Englischen bis heute von »x-rays« die Rede.

Zu Röntgens großem Glück litt auch seine Gesundheit nicht wesentlich unter seiner Arbeit – er wurde stolze 77 Jahre alt. Und seine Ehe? Anna schien Wilhelm seine Experimentierwut nicht übel zu nehmen. Die beiden verbrachten über 45 Ehejahre miteinander, bis der Tod sie schied.

Die Entdeckung der Röntgenstrahlung im Jahr 1895 war der Auftakt einer wissenschaftlichen Revolution. Verwundert und verstört mussten Forscherinnen und Forscher einsehen: Atome sind nicht die toten, unveränderlichen Bausteine der Materie, für die sie ein Jahrhundert lang gehalten worden waren.

Stattdessen führen manche Atome ein bizarres Eigenleben. Sie können energiereiche Strahlung aussenden oder Bruchstücke ihrer selbst mit enormer Geschwindigkeit hinausschleudern. Mitunter verändern die Atome sogar ihr ureigenes Wesen: so kann etwa ein Metall zu einem Edelgas werden oder umgekehrt.

Plötzlich wimmelte die Welt nur so von unsichtbarer Strahlung, plötzlich ließen sich Stoffe gezielt verwandeln, und bald war mit der Entdeckung der Kernspaltung der Weg offen für neuartige Kraftwerke und schreckliche Waffen.

Angesichts dessen wirkt es geradezu ulkig und unschuldig, mit welchen Versuchen Wilhelm Conrad Röntgen diese wissenschaftliche Revolution einleitete. Fast genau 50 Jahre, nachdem er seine Labortür, sein Jagdgewehr und schließlich seine Frau durchleuchtet hatte, wurde die erste Atombombe gezündet. Von Triumphen und Tragödien des strahlenden 20. Jahrhunderts erzählen die folgenden Kapitel.

4.2. Ein Leben für die Forschung

Nur wenige Namen sind so legendär wie der Name Curie. Er steht für die höchsten Ehren der Wissenschaft, denn Marie Curie bekam als einziger Mensch den Nobelpreis in zwei naturwissenschaftlichen Disziplinen verliehen. Doch dafür musste sie hart kämpfen. Sie war eine der ersten Frauen in einer Männerdomäne, musste sich in einem fremden Land durchsetzen, war bösartigen Anfeindungen ausgesetzt. Zudem war ihre Forschung eine regelrechte Knochenarbeit.

Geboren wurde Marie Curie als Maria Salomea Skłodowska im Jahr 1867 in Warschau als jüngstes von fünf Kindern. Ihre Familie war verarmt, aber stolz auf ihre Tradition als Lehrer. Maria hörte schon als junge Frau Vorlesungen der »Fliegenden Universität«, einem heimlichen Netzwerk polnischer Akademiker, die sich in wechselnden Privaträumen trafen, um russischer Unterdrückung zu entgehen.

Als Frau war Maria der Weg auf eine reguläre polnische Universität versperrt. Deshalb folgte sie 1891 ihrer Schwester, die zum Medizinstudium nach Paris gegangen war. Maria nannte sich in Frankreich »Marie« und studierte als eine von sehr wenigen Frauen Physik und Mathematik an der Sorbonne. Ihre harte Arbeit zahlte sich aus: Zum Ende ihres Studiums gehörte sie zu den Besten ihres Jahrgangs. Bei der Arbeit als junge Forscherin lernte Marie den Physiker Pierre Curie kennen. Die beiden arbeiteten im Labor zusammen und verliebten sich. Pierre überzeugte Marie, in Frankreich zu bleiben, wo sie bessere Chancen auf eine Karriere hatte, und heiratete sie 1895.

Zu jener Zeit versetzte die gerade erst gefundene Röntgen-Strahlung die Physik in Aufruhr. Schon wenige Monate nach Röntgens Entdeckung machte der französische Physiker Henri Becquerel Versuche zum Ursprung der Röntgen-Strahlung. Er fand nicht, wonach er suchte, aber kam auf eine viel wichtigere Spur. Denn zu den Materialien, die Becquerel untersuchte, gehörte auch Uran.

Uran war damals kein außergewöhnlicher Stoff. Das Schwermetall war aus dem Bergbau bekannt und wurde als Zutat für dekorativ gefärbtes Glas benutzt. Doch Henri Becquerel stellte zu seiner Überraschung fest, dass Uran eine unsichtbare Strahlung abgab. Die gesuchte Röntgenstrahlung war es allerdings nicht – und Becquerels Entdeckung fand vor lauter Aufregung um die Röntgenstrahlung kaum Beachtung.

Marie Curie aber war von der Entdeckung fasziniert. Denn Röntgen hatte seine »X-Strahlung« aufwändig aus seinen Apparaten herauskitzeln und dabei elektrische Energie aufwenden müssen. Demgegenüber schien Uran ganz von allein Strahlung abzugeben und dabei sogar eine unerklärliche Wärme zu entwickeln. Wie konnte das sein – woher kam die nötige Energie?

Um die rätselhafte Strahlung zu untersuchen, bediente sich Marie Curie eines Elektroskops, das ihr Ehemann Pierre mit seinem Bruder entwickelt hatte. Dieser Apparat maß die Intensität einer Strahlung indirekt über die elektrische Leitfähigkeit der Luft – nach dem gleichen Prinzip, das einige Jahre später auch Victor Hess auf seinen Ballonfahrten nutzte (Kapitel 3.2.). Das Messgerät entlud sich umso schneller, je stärker die Strahlung einer nahen Probe war.

So untersuchte Marie Curie verschiedene Mineralien und Verbindungen, in denen Uran vorhanden war. Sie erhitzte sie und kühlte sie ab, beschien sie mit Licht und platzierte sie im Dunkeln. Doch zu ihrer Überraschung waren all diese Umstände unerheblich. Allein die Menge des Urans in einer Probe bestimmte, wie stark die Strahlung war.

Damit war klar: Die Strahlung des Urans musste nicht künstlich erzeugt werden wie die Röntgenstrahlung, und sie war offensichtlich auch nicht das Produkt einer chemischen Reaktion. Zu ihrer eigenen Überraschung kam Marie Curie zu dem Schluss: Es mussten die einzelnen Atome des Urans sein, die ohne einen äußeren Anlass, allein aus sich selbst heraus, die Strahlung abgaben.

Eine ungeheuerliche Vermutung, denn Atome galten als tote, unveränderliche Bausteine der Natur. Um einen Vergleich aus der Zeit zu bemühen: Eine Dampfmaschine war aus Kesseln, Kolben und Ventilen zusammengebaut. Diese Teile konnten selbstverständlich nur gemeinsam eine Wirkung erzielen. Niemand käme auf die Idee, ein Kolben allein könne eine Lokomotive in Bewegung setzen oder ein einzelnes Ventil eine Webmaschine antreiben. Und doch schien Marie Curie eine solche Absurdität gefunden zu haben: ein unerklärliches Eigenleben der Uran-Atome. Das Uran war »strahlungstätig« – oder wie Marie Curie es auf Latein nannte: »radioaktiv«.

Marie Curie wollte alle weiteren Stoffe finden, die eine solche Radioaktivität zeigten. Dafür untersuchte sie mit dem Elektroskop alles auf Radioaktivität, was ihr in die Finger kam: Metalle, Salze, Oxide und andere Verbindungen. In manchen Fällen lieh sie sich von anderen Wissenschaftlern sogar die einzige überhaupt vorhandene Probe eines seltenen Stoffes. Unter all diesen Stoffen fand sie nur ein einziges radioaktives Element neben dem Uran: das Schwermetall Thorium. Es war zuvor ebenso unauffällig wie das Uran und wurde vor allem zur Herstellung von hitzebeständigen Glühstrümpfen in Gaslampen benutzt.

Bei der Untersuchung verschiedener Mineralien mit Anteilen von Thorium und Uran erlebte Marie Curie jedoch eine Überraschung. Im Jahr 1898 arbeitete sie mit Pechblende: einem uranhaltigen Mineral, das wegen seiner komplizierten Zusammensetzung im Bergbau als Abfall galt. Zu ihrer Überraschung stellte Marie Curie fest, dass Pechblende viermal so stark radioaktiv war, wie es die darin enthaltene Menge von Uran erwarten ließ.

Entweder handelte es sich um einen Messfehler – oder in dem Gestein steckte ein noch unentdecktes Element, das viel stärker strahlte als Uran. Das wäre eine Sensation, denn ein solches Element war nicht bekannt und seine Existenz völlig unerwartet. Um ihre Vermutung zu bestätigen, musste Marie Curie das neue Element aus der Pechblende herausholen und in reiner Form isolieren.

Sie wusste jedoch nichts über die Eigenschaften des gesuchten Elements – außer dass es stark radioaktiv war. Es war, als wollte man aus einem reichhaltigen Eintopf die eine Zutat isolieren, die für einen ganz bestimmten Geschmack verantwortlich ist. Ohne das Rezept zu kennen, bleibt nur, die Zutaten so weit wie möglich zu trennen: man sortiert, siebt, filtert, kocht auf und schöpft ab. Dann überprüft man die voneinander getrennten Bestandteile einzeln: welche enthalten den gesuchten Geschmack und welche nicht?

Tagelang kochte Marie Curie Zentner um Zentner radioaktiver Pechblende in großen Töpfen auf, rührte sie mit einer schweren Eisenstange um und goss dann die Flüssigkeit ab, um den Bodensatz aus den Töpfen zu kratzen. Ihr Mann Pierre legte seine eigene Forschung beiseite und unterstützte sie. Für ihre Arbeit hatten die beiden nur einen zugigen Holzschuppen zur Verfügung, undicht bei Regen und als Labor völlig ungeeignet. Doch die beiden gingen in der gemeinsamen Arbeit auf, die eine sensationelle Entdeckung versprach.

Sie konnten in der Pechblende gleich zwei neue radioaktive Elemente nachweisen. Eines verhielt sich chemisch wie das Schwermetall Bismut, das andere wie das leichtere Barium. Ersterem gab Marie Curie den Namen »Polonium« – aus Patriotismus für ihr geliebtes Polen. Es gelang den Curies jedoch nicht, das Polonium vom Bismut zu trennen und es in reiner Form zu isolieren.

Beim zweiten Element – das sie »Radium« getauft hatten – waren sie dafür erfolgreich. Sie konnten es zwar nicht als pures Metall isolieren, aber immerhin in Form von hochreinem Radiumchlorid-Salz. Der Aufwand war jedoch gewaltig: Nach ganzen drei Jahren Arbeit hatte das Ehepaar mehrere Tonnen Pechblende verarbeitet und daraus gerade einmal 0,1 Gramm Radiumchlorid-Salz isoliert. Es war tatsächlich ein sensationeller Fund: Das Radium strahlte eine Million Mal stärker als Uran.

Zusammen mit Henri Becquerel erhielt das Ehepaar Curie 1903 den Nobelpreis für Physik für die Erforschung der Radioaktivität. Aber das Ehepaar konnte nicht zur Preisverleihung nach Stockholm reisen, weil Marie zu krank war. Ihre Finger hatten sich entzündet, Pierre litt an schweren rheumaähnlichen Symptomen, beide waren erschöpft. Das Ehepaar ahnte nicht, dass der ungeschützte Umgang mit den radioaktiven Stoffen sie beide schwer krank machte. Marie arbeitete sogar weiter, als sie schwanger wurde – und verlor das Kind.

Doch die Entdeckung hatte auch einen unverhofften Nutzen. Genauso wie die Strahlung einen gesunden Körper durch Beschädigung des Erbguts angreift, kann sie auch krankes Gewebe zerstören. Schon um 1903 wurde erstmals die Strahlung von Radium dazu genutzt, Krebstumore zu bekämpfen. Für diesen Zweck war das überaus seltene Radium bald in aller Welt begehrt.

Es war eine medizinische Revolution: der Beginn der Strahlentherapie. Sie ist heute neben der Chirurgie und der Chemotherapie eine der »drei Säulen der Krebstherapie«. Für die Entdeckung des Radiums mit seinen besonderen und segensreichen Eigenschaften erhielt Marie Curie 1911 den Nobelpreis für Chemie zusätzlich zu ihrer früheren Auszeichnung in Physik. Diese zweite Auszeichnung musste sie jedoch allein annehmen. Pierre Curie war 1906 bei einem Verkehrsunfall gestorben.

Zudem hetzte die nationalistische Presse in Frankreich gegen Marie Curie als erfolgreiche Ausländerin, schlachtete ihr Privatleben aus und zog ihre Errungenschaften durch den Schmutz. Trotz ihres Weltruhms blieben Marie Curie staatliche Ehrungen und hohe Positionen in Frankreich verwehrt.

Trotz dieser Demütigungen zog sie sich nicht zurück, sondern arbeitete weiter. Im Ersten Weltkrieg baute sie mobile Röntgen-Stationen für das Rote Kreuz auf, bildete Assistenten im Umgang mit den Geräten aus und fuhr selbst in Lazarette, wo diese eingesetzt wurden.[9] Ihre ohnehin angegriffene Gesundheit verschlechterte sich durch den ständigen Umgang mit der Röntgenstrahlung weiter.

---

9 Dies tat zur gleichen Zeit auf österreichischer Seite auch die Physikerin Lise Meitner, die wir im folgenden Kapitel kennenlernen werden.

Nach dem Krieg machte die schon gebrechliche Marie Curie einen Triumphzug durch die USA, wo sie vom Präsidenten Warren G. Harding empfangen wurde. Sie eröffnete mehrere Institute in Polen und engagierte sich beim Völkerbund mit Albert Einstein und anderen Prominenten für die internationale Verständigung.

Marie Curie starb 1934 im Alter von 66 Jahren an den Spätfolgen ihrer Arbeit. Im folgenden Jahr erhielt die ältere ihrer beiden Töchter, Irène Joliot-Curie, gemeinsam mit ihrem Ehemann den Physik-Nobelpreis für die Erforschung der Radioaktivität – genau wie ihre Mutter 32 Jahre zuvor.

Der Name Curie steht heute für eine Wissenschaftslegende und eine Familie von Nobelpreisträgern, für Forschungsinstitute und Schulen, für eine physikalische Einheit und ein chemisches Element, für ein Förderprogramm der Europäischen Union und sogar für eine Station der Pariser Métro. Doch vor allem steht er für Marie Skłodowska Curie: eine Frau, die ihr Leben der Forschung widmete und es an sie verlor.

Die Vielfalt der Strahlung

Nachdem Henri Becquerel 1896 die natürliche Radioaktivität des Urans entdeckt hatte, entwickelte sich das Forschungsfeld rasant. Schon 1898 waren vier strahlende Elemente bekannt: Uran, Thorium, Polonium und Radium. Es wurden mindestens elf scheinbar verschiedene Arten von Strahlung beschrieben und heftig um ihre Zuordnung gestritten. Im Jahr 1902 setzte sich schließlich die griffige Einteilung in »Alpha-, Beta- und Gamma-Strahlen« durch.

Diese Einteilung in Alpha-, Beta- und Gamma-Strahlung ist bis heute gebräuchlich. Doch bei genauerem Hinsehen ist sie grob unvollständig und hilft kaum beim Verstehen der physikalischen Zusammenhänge. Denn in Wahrheit durchflitzt ein wahres Tohuwabohu von Strahlung und kleinsten Teilchen unsere Welt.

Um uns einen Überblick zu verschaffen, können wir bei der Röntgenstrahlung beginnen. Sie ist unsichtbar, aber trotzdem unserem guten alten sichtbaren Licht sehr ähnlich. Denn Röntgenstrahlung und Licht sind beides elektromagnetische Wellen. Der Unterschied liegt darin, dass Röntgenstrahlung eine viel höhere Energie hat.

Physikalisch betrachtet sind sogar die Farben des Regenbogens nach der Energie sortiert. Von ihnen trägt das rote Licht die geringste Energie mit sich. Gelbes Licht ist etwas energiereicher, dann folgt grünes, dann blaues. Violettes Licht trägt schließlich fast das Doppelte des roten. Natürlich gibt es auch »Licht« mit noch mehr Energie als das violette oder mit weniger als das rote – aber wir können es nicht sehen.

Röntgenstrahlung ist eine elektromagnetische Welle, wie auch das sichtbare Licht. Ihre Energie ist jedoch sehr viel höher und erstreckt sich über eine sehr weite Spanne: Röntgenstrahlung trägt grob ein Hundert- bis Hunderttausendfaches der Energie von sichtbarem Licht. Diese hohe Energie erlaubt es Röntgenstrahlung, manche Materie nahezu ungehindert zu durchdringen – wie Wilhelm Conrad Röntgen in seinem Labor erstaunt feststellte.

Ihr heutiger Nutzen kommt daher, dass die Röntgenstrahlung lebende Materie weitgehend ungehindert durchdringt, aber von manchen Stoffen stärker absorbiert wird: etwa von Metallen, die in Knochen enthalten sind. So entsteht auf Röntgenbildern ein Kontrast, der einen Einblick in den Körper erlaubt, ohne ihn öffnen zu müssen.

Bei der Untersuchung radioaktiver Stoffe fanden die Curies und ihre Zeitgenossen eine verwandte Strahlung, die sie »Gamma-Strahlung« nannten. Wie sich später herausstellte, ist auch sie eine elektromagnetische Welle, aber von noch viel höherer Energie: typischerweise um ein Zehn- bis Zehntausendfaches mehr als Röntgenstrahlung. Gamma-Strahlung durchdringt fast alle Materie mühelos und lässt sich nur mit größerem Aufwand abschirmen.

So skurril es klingt: Physikalisch gesehen haben Röntgen- und Gamma-Strahlung sehr viel mit unserem sichtbaren Licht gemein, auch wenn sie zigtausendfach mehr Energie mit sich tragen. Ganz anders ist das bei Teilchen-Strahlung. Sie ist besteht aus kleinsten Teilchen mit hohen Geschwindigkeiten: eine Art Hagel von unfassbar winzigen, blitzschnellen Kügelchen. Und weil es sehr verschiedene Teilchen gibt, ist auch die Teilchen-Strahlung sehr vielfältig.

Da wären etwa die leichten Elektronen. Sie sind üblicherweise in der Hülle der Atome gebunden oder kriechen als Träger des elektrischen Stroms durch Metalle. Doch um 1900 stellte sich heraus, dass auch beim Zerfall mancher radioaktiver Stoffe Elektronen ausgesandt wurden. Diese Strahlung wurde »Beta-Strahlung« genannt. Sie kann nur begrenzt in Materie eindringen: Je nach Material kommt sie meist nur wenige Millimeter bis Zentimeter weit.

Und dann sind da noch die richtig dicken Brocken: Teilchenstrahlung, die aus kompletten Atomkernen besteht. Sie werden von schweren radioaktiven Elementen beim Zerfall ausgestoßen wie Splitter, die bei einer Explosion fortgeschleudert werden. Die häufigste Erscheinungsform hiervon ist die »Alpha-Strahlung«: Sie besteht aus Atomkernen des Elements Helium, die auch Alpha-Teilchen genannt werden. Im Vergleich zu Elektronen sind sie gewaltig groß und schwer.

Das hat zur Folge, dass sie kaum Materie durchdringen können: Schon wenige Zentimeter Luft oder ein Blatt Papier können Alpha-Teilchen nicht durchdringen. Trotzdem ist Alpha-Strahlung höchst gefährlich: denn im direkten Kontakt mit dem Körper, etwa durch unabsichtliches Einatmen oder Verschlucken radioaktiver Stoffe, richten sie schwere Schäden an. Es ist sehr wahrscheinlich, dass die gesundheitlichen Leiden der Curies zum Großteil auf das Konto der damals unbekannten Gefahr durch die Alpha-Strahlung gingen.

So weit unser erster Überblick: Es gibt das sichtbare Licht aus elektromagnetischen Wellen und ihre extrem energiereichen Verwandten namens Röntgenstrahlung und Gamma-Strahlung. Diese energiereichen Varianten des Lichts können Materie leicht durchdringen, aber auch beschädigen. Und dann ist da die Teilchen-Strahlung: erstens die vergleichsweise leichten und flinken Elektronen in Form von Beta-Strahlung, die Materie in etwas geringerem Maße durchdringen und beschädigen kann; und zweitens die Alpha-Strahlung, die zwar nur kurze Distanzen zurücklegen, aber dabei viel zerstörerische Energie abgeben kann.

In den folgenden Kapiteln werden uns noch weitere exotische Teilchen und seltsame Formen von Licht begegnen. Es ist eben ein wahres Tohuwabohu von Strahlung und Teilchen, das unsere Welt erfüllt.

Kaum eine Forscherin hat es so sehr verdient, mit Marie Curie in einem Atemzug genannt zu werden wie Lise Meitner. Auch sie widmete sich der Radioaktivität und ihren rätselhaften Ursachen, auch sie war bei ihrer Arbeit in akuter Lebensgefahr, und auch ihre Forschung veränderte die Welt für immer. Das folgende Kapitel erzählt ihre Geschichte.

4.3. Entdeckung im Exil

Die Geschichten in diesem Buch zeigen: Immer wieder haben Kriege, Revolutionen und Flucht einen enormen Einfluss auf den Lauf der Forschungsgeschichte. Von all diesen Geschichten zeigt wohl das Leben der Kernphysikerin Lise Meitner am eindrucksvollsten, wie sich Wissenschaft und Weltgeschehen gegenseitig prägen.

Geboren 1878 in Wien, lebte die talentierte Physikerin Lise Meitner ab 1907 in Berlin. Am renommierten Kaiser-Wilhelm-Institut für Chemie erforschte sie die Radioaktivität.

Gemeinsam mit dem Chemiker Otto Hahn entdeckte sie 1917 das Element Protactinium, das im Periodensystem einen Platz vor dem Uran steht. Meitners Verständnis der modernen Physik ergänzte sich perfekt mit Hahns Geschick bei kniffligen chemischen Versuchen.

Lise Meitner wurde 1926 die erste Professorin für Physik in Deutschland. Alles sah nach einer glänzenden Karriere in Berlin aus – bis sich in den 1930er-Jahren die Ereignisse überschlugen. 1932 wurde das Neutron entdeckt – der letzte noch unbekannte Baustein der Atomkerne. 1933 erließen die Nationalsozialisten die ersten Berufsverbote gegen Juden. Lise Meitner musste als Tochter einer jüdischen Familie die Lehre aufgeben, konnte durch ihren Status als österreichische Ausländerin aber weiter im Labor forschen.

Im Jahr 1934 erzeugte das Ehepaar Joliot-Curie in Paris erstmals künstliche Radioaktivität. Es war eine Sensation, denn zuvor dachte man: Manche Stoffe sind von Natur aus radioaktiv, und andere sind es nicht. Doch die Arbeit von Irène – Marie Curies ältere Tochter – und Frédéric Joliot-Curie verwischte dieses Bild. Die beiden bombardierten gewöhnliche Stoffe mit Alpha-Strahlung und stellten fest: Sie wurden radioaktiv! Einmal mehr zeigte sich: Die Atome sind keine starren Einheiten. Sie sind von Natur aus veränderlich – und lassen sich sogar gezielt manipulieren.

Dem Physiker Enrico Fermi gelang wenig später in Rom das Gleiche, indem er Materie mit Neutronen beschoss. Fermi war entschlossen, auf diesem Weg eine Art heiligen Gral der Kernphysik zu finden: neue chemische Elemente, schwerer als alle bis dato bekannten. Diese spekulativen Elemente wurden »Transurane« genannt, denn Uran war das seinerzeit schwerste aller bekannten Elemente. Fermis Plan: ein schweres Element durch Bestrahlung in das nächst schwerere zu verwandeln, dann in ein noch schwereres und immer so weiter. Er wollte seine Proben von Schwermetallen durch Neutronenbeschuss durch das Periodensystem schieben wie einen Bauern, der Schritt für Schritt das Schachbrett überquert.

Während draußen im Land die Nationalsozialisten immer ungehemmter ihren Terror verbreiteten, steckten Hahn und Meitner mitten im internationalen Wettlauf um die Transurane. 1935 verkündete Fermi in Rom: er habe Transurane gefunden. Das Labor von Hahn und Meitner in Berlin gehörte zu den wenigen weltweit, die dafür ausgestattet waren, Fermis Behauptung zu überprüfen.

Hahn und Meitner wiederholten erfolgreich die Versuche aus Paris und Rom –, doch die Resultate irritierten sie. Der Beschuss von Uran mit Alpha-Teilchen und Neutronen erzeugte ein Wirrwarr von Strahlung und neuen Atomkernen. In dem Wust von radioaktiven Zerfallsketten konnten Hahn und Meitner nicht eindeutig nachweisen, ob wirklich Transurane entstanden waren.

Dann, im März 1938, wurde Österreich an das Deutsche Reich angeschlossen. Als Jüdin war Lise Meitner schon länger in einer prekären Lage gewesen. Ihr österreichischer Pass hatte jedoch einen gewissen Schutz geboten. Mit dem Anschluss war das plötzlich hinfällig: Lise Meitners Reisepass war wertlos, und sie selbst schwebte in Lebensgefahr.

Voller Sorge bemühten sich befreundete Physiker aus ganz Europa monatelang um ihre Flucht. Im Juli 1938 schmuggelte sie der Physiker Dirk Coster außer Landes: Meitner reiste heimlich und mit leichtem Gepäck aus Berlin ab und erreichte über einen kleinen Grenzübergang, vorbei an eingeweihten niederländischen Zöllnern, das Nachbarland. Wolfgang Pauli telegrafierte Coster: »Für die Entführung der Lise Meitner sind Sie nun ebenso bekannt wie für die Entdeckung des Elements Hafnium!«

Lise Meitner fand Unterschlupf bei Kollegen in Dänemark und Schweden. Nachdem Otto Hahn ihr bei der Flucht geholfen hatte, forschte er in Berlin weiter. Doch ohne den Sachverstand seiner Kollegin konnte er umso weniger mit seinen Messergebnissen anfangen. Im November 1938 berieten sich die beiden in Kopenhagen. Meitner beschrieb Hahn, mit welchen Versuchen er einer Antwort näher kommen könnte.

Nach Meitners Anleitung bestrahlte Hahn in Berlin in wochenlanger Kleinarbeit Stoffe mit Neutronen und untersuchte die Strahlung, welche durch ihre radioaktiven Zerfälle entstand. Dann führte er komplizierte chemische Trennverfahren durch, um die schweren Schwesterelemente des Urans zu isolieren, die durch den Neutronenbeschuss hoffentlich entstanden waren.

Inzwischen war ihrem Kollegen Enrico Fermi für seine Entdeckung der Transurane der Physik-Nobelpreis verliehen worden. Fermi nutzte die Verleihungszeremonie in Stockholm Mitte Dezember 1938, um mit seiner Familie aus seiner italienischen Heimat zu fliehen. Seine jüdische Frau und ihre Kinder waren dort ebenfalls von den Faschisten bedroht.

Doch Hahn wollte es bei aller Mühe nicht gelingen, Fermis Ergebnisse zu reproduzieren. Kurz vor Weihnachten informierte er Lise Meitner per Brief über ein Resultat, das ihn ratlos zurückließ: Die Stoffe, die sie für schwere Nachbaratome des Urans gehalten hatten – Radium, Actinium und Thorium –, schienen in Wahrheit die viel leichteren Metalle Barium, Lanthan und Cer zu sein. Das widersprach jeder Erwartung. Das Experiment sollte doch schwere Elemente erzeugen – und keine leichten! Was um alles in der Welt könnte den Atomkernen des Urans widerfahren sein, dass sie sich scheinbar in viel leichtere Metalle verwandelten? Hahn bat Lise Meitner per Brief um eine Erklärung, denn schließlich könne Uran »eigentlich nicht in Barium zerplatzen«.

Lise Meitner hatte in Schweden über Weihnachten Besuch von ihrem Neffen Otto Frisch, der als Physiker in Kopenhagen forschte. Bei einem Spaziergang im Schnee berieten sich die beiden über Hahns Hilferuf. Dabei erkannten sie: Atomkerne waren offenbar gar nicht so robust, wie alle Welt annahm. Es war sehr wohl denkbar, dass ein schwerer Atomkern von einem Neutron zum Zerplatzen angeregt würde. Das Resultat einer solchen Spaltung: leichtere Atomkerne und freigesetzte Energie.[10] Auf der Stelle berechnete Meitner, wie viel Energie genau dieser Vorgang freisetzen müsste – und fand einen schwindelerregend hohen Wert. Schnell veröffentlichten die beiden ihre Interpretation von Hahns Ergebnissen. Wenig später konnte Otto Frisch in seinem Labor in Kopenhagen bestätigen, was Meitner errechnet hatte. Die

---

10 Das hieß auch, dass Fermi sich geirrt hatte. Seine Versuche hatten überhaupt keine Transurane erzeugt, sondern Uran-Kerne gespalten! Fermi hatte dies jedoch nicht erkannt. Das erste echte Transuran, ein Element namens Neptunium, wurde erst 1940 in den USA gefunden. Seinen Nobelpreis behielt Fermi dennoch – er hat die Auszeichnung wegen zahlreicher Verdienste um die Physik ohnehin mehr als verdient.

bei der Spaltung der Uran-Kerne freigesetzte Energie übertraf alles, was die Physik je gesehen hatte.

Praktisch sofort erkannten Forscher in aller Welt die beiden erschütternden Konsequenzen dieser Entdeckung: die Chance auf eine schier unerschöpfliche Energiequelle – und die Gefahr einer ungeheuerlichen Waffe. Beide wurden wenig später Wirklichkeit: der Kernreaktor und die Atombombe.

Ohne jede Absicht hatte Lise Meitner in die Weltgeschichte eingegriffen, deren Opfer sie selbst war. Aus Angst vor einer deutschen Atomwaffe entwickelten die USA selbst eine und setzten sie schließlich gegen Japan ein. Lise Meitner war zutiefst erschüttert von den Gräueltaten der Nazis. Auch die Zerstörung von Hiroshima und Nagasaki schockierte sie. Zeitlebens verwahrte sie sich gegen den Nimbus als »Mutter der Bombe«.

Für die Entdeckung der Kernspaltung wurde der Chemie-Nobelpreis Jahres 1944 an Otto Hahn verliehen. Lise Meitner wurde übergangen – ein Skandal in den Augen vieler Zeitgenossen. Immerhin ist Lise Meitner heute, anders als Otto Hahn, ein Platz im Periodensystem der Elemente gewidmet. Das Element mit der Ordnungszahl 109 – ein Transuran! – bekam in den 1990er-Jahren für alle Zeiten den Namen »Meitnerium«.

Von Zerfällen und Spaltungen

Die verschlungenen, tragischen Lebenswege von Marie Curie und Lise Meitner sind untrennbar mit der Erforschung der Radioaktivität verbunden. Die beiden Ausnahmeforscherinnen folgten trotz aller Widrigkeiten ihrer wissenschaftlichen Neugier und erschlossen dabei völlig neue Gebiete der Physik.

Bevor das folgende Kapitel von den Folgen dieser Entdeckungen erzählt, lohnt sich ein zusammenfassender Rückblick auf die Physik hinter den Entdeckungen von Curie, Meitner und ihren Zeitgenossen. Denn so bedeutend sie auch für den Lauf der Geschichte sind, so schwierig sind die Kapriolen der Atomkerne zu überblicken.

Zuerst erforschte Marie Curie die natürliche Radioaktivität. Manche Stoffe, die in der Erde stecken, geben von Natur aus Strahlung ab. Das erste bekannte Element dieser Art war das Uran; Marie Curie identifizierte außerdem Thorium. Erst später fanden andere Forscher heraus, was beim Aussenden der Strahlung genau vor sich geht: radioaktive Zerfälle.

Stellen wir uns ein Stück reinen Urans vor, gewonnen aus natürlichen Vorkommen in der Erde. Es ist ein dichtes Metall: Schon ein Stück von der Größe einer Kastanie würde ein Kilogramm wiegen. Darin würden pro Sekunde rund 25 Millionen Atome zerfallen, wobei jedes von ihnen ein Alpha-Teilchen aussendet. Das klingt nach einer Menge, doch unsere Uran-Kastanie enthält auch schwindelerregend viele Atome. Erst nach viereinhalb Milliarden Jahren wäre die Hälfte aller Atome zerfallen. Diese Zeitspanne nennt man die Halbwertszeit.

Woher kommt das Uran in der Erde überhaupt? Ganz einfach: Es war schon immer da. Als unser Planet vor viereinhalb Milliarden Jahren entstand, bildete er sich aus sehr viel Eisen, Sauerstoff, Silizium und einer

Menge anderer Stoffe – darunter auch ein winziger Anteil Uran. Die Halbwertszeit von Uran entspricht zufällig dem Alter der Erde. Das heißt: Heute ist noch halb so viel Uran vorhanden wie damals.

Und was wird aus einem radioaktiven Atom, wenn es seine Strahlung abgegeben hat und zerfallen ist? Ein anderes Atom. Die allermeisten unserer Uran-Atome senden beim Zerfall ein Alpha-Teilchen aus und verwandeln sich dadurch in Thorium; genauer gesagt: in eine bestimmte Variante von Thorium-Atom.

Diese Thorium-Atome sind ebenfalls radioaktiv. Nach nur 24 Tagen ist die Hälfte von ihnen zerfallen und hat dabei ein Beta-Teilchen ausgesandt. Sie verwandeln sich dabei in Atome des Elements Protactinium, die – man ahnt es – ihrerseits selbst radioaktiv sind. Geht das etwa ewig so weiter?

Nicht ewig – aber schon sehr lange. Die Zerfallskette des Urans enthält einige Abzweigungen und insgesamt fast zwei Dutzend Schritte. Sie alle führen früher oder später zu einer Variante des Metalls Blei, die nicht radioaktiv ist. Auf dem Weg dorthin haben viele Zwischenprodukte nur wenige Minuten Bestand; die kurzlebigsten sogar nur Bruchteile von Sekunden.

Doch manche bestehen weitaus länger, nämlich einige Monate oder sogar Jahre. Zu diesen langlebigeren Atomen in der Zerfallskette gehören Radium und Polonium – die beiden radioaktiven Elemente, die das Ehepaar Curie bei der Untersuchung von Uran-Erz fand.

Gut 30 Jahre später erzeugte Marie Curies Tochter Irène Joliot-Curie mit ihrem Ehemann Frédéric erstmals künstliche Radioaktivität. Ausgangspunkt war das jeder Radioaktivität unverdächtige Aluminium.

Das Ehepaar bombardierte das Aluminium mit starker Alpha-Strahlung und erlebte eine gewaltige Überraschung: Es wurde radioaktiv. Wie sich herausstellte, hatten manche Aluminium-Atome ein heranfliegendes Alpha-Teilchen »verschluckt« und sich in ein völlig neues Atom verwandelt: radioaktives Phosphor.

Den Joliot-Curies waren damit gleich zwei Sensationen auf einmal gelungen: Zum einen erzeugten sie künstliche Radioaktivität, wo vorher keine war. Zum anderen hatten sie gezeigt, dass sich ein Stoff in einen völlig anderen verwandeln ließ, indem man Atome mit Teilchenstrahlung bombardierte.

Enrico Fermi in Rom griff diese Erkenntnisse auf und entwickelte die Technik weiter. Er zeigte, dass verlangsamte Neutronen als Geschosse noch viel besser geeignet waren, weil sie mit Leichtigkeit in einen Atomkern »hineingleiten« konnten. Fermi beschoss Uran-Atome mit solchen verlangsamten Neutronen, untersuchte das Ergebnis und verkündete der Welt: er habe die lange gesuchten Transurane erzeugt, also Atome, die noch schwerer waren als Uran.

Als Lise Meitner und Otto Hahn Fermis Behauptung überprüfen wollten, kamen sie jedoch nicht zum gleichen Ergebnis. Monatelang forschten sie fieberhaft weiter – unterbrochen von Meitners Flucht. Zwei Wochen nachdem Fermi den Nobelpreis für seine vermeintliche Entdeckung erhalten hatte, erkannte Lise Meitner, was wirklich passiert war.

Die verlangsamten Neutronen waren tatsächlich in einige der Uran-Atomkerne gelangt – doch dort hatten sie sich nicht einfach eingefügt. Denn die Stabilität von Uran-Kernen war massiv überschätzt worden. Die betreffenden Kerne standen, ohne dass es jemand geahnt hätte, schon kurz vor der Zerstörung.

Sie sind nämlich schon von Natur aus so groß und so schwer, dass sie gewissermaßen zum Bersten gespannt sind. Selbst die gewaltigen Kräfte, die einen Atomkern zusammenhalten, geraten bei diesen Uran-Atomkernen an ihre Grenzen. So genügt die Ankunft eines einzigen verlangsamten Neutrons, um den Kern zu zerstören – wie eine einzige Schneeflocke, die eine verheerende Lawine auslöst. Kerne mit dieser Eigenschaft nennt man heute »spaltbare« Kerne.

Was Fermi für Transurane gehalten hatte, waren in Wahrheit die Bruchstücke der gespaltenen Uran-Kerne. Und wie Lise Meitner richtig berechnete, werden diese Stücke bei der Zerstörung der Uran-Kerne mit solcher Gewalt davongeschleudert, dass eine schier unfassbare Menge Energie freigesetzt wird.

Es ist diese Energie, die einen Kernreaktor antreibt – oder die Explosion einer Atombombe. Von ihnen erzählen die folgenden Kapitel.

Kapitel 5

Außer Kontrolle

5.1. Tödliche Arbeit an der Atombombe

In einer der ersten Veranstaltungen meines Physikstudiums in Hamburg waren wir Erstsemester aufgefordert, die persönliche Verantwortung von Forscherinnen und Forschern für ihre Arbeit zu diskutieren. Die Diskussion war so spannend, dass ich im Laufe meines Studiums noch mehrmals als Organisator daran teilgenommen habe. Jedes Semester zeigte sich aufs Neue: Wenn es um Verantwortung in der Physik geht, kommt die Sprache jedes Mal ganz von allein auf die Atombombe.

Jene Forscher, die selbst am Bau der ersten Kernwaffen beteiligt waren, gingen sehr unterschiedlich mit ihrer Verantwortung um. Der polnisch-britische Physiker Józef Rotblat etwa verließ das amerikanische Programm, noch bevor die Bombe vollendet war. In seinen Augen rechtfertigte der Kriegsverlauf die Entwicklung dieser Waffe nicht mehr. Der russische Physiker Andrei Sacharow entwickelte für die Sowjetunion die stärksten Fusionswaffen aller Zeiten. Er sprach sich später gegen Atomtests aus und wurde zum Menschenrechtsaktivisten. Rotblat und Sacharow waren danach zeit ihres Lebens lautstarke Verfechter nuklearer Abrüstung und wurden mit dem Friedensnobelpreis geehrt.

Doch unter ihren Kollegen gab es auch solche, die nicht einmal imstande waren, verantwortungsvoll mit ihrem eigenen Leben umzugehen. Der Kanadier Louis Slotin gehörte in den 1940er-Jahren zur Elite der Kernphysiker in den USA. Er fiel durch seine Furchtlosigkeit auf. Einmal soll er bei der Arbeit in ein Abklingbecken voller Brennelemente gesprungen sein, weil ihm eine Reparatur zu lange dauerte.

Slotin setzte jenen Sprengkörper zusammen, der im Juli 1945 beim »Trinity-Test« in der Wüste des US-Bundesstaats New Mexico die erste Kernexplosion aller Zeiten auslöste. Wenige Wochen später legten zwei Atomexplosionen Hiroshima und Nagasaki in Schutt und Asche. Trotz des Todes Zehntausender Menschen und des schnellen Kriegsendes ging die Arbeit an den Bomben weiter. Das Prinzip einer Atombombe ist, dass im Moment der Detonation schlagartig eine unkontrollierte Kettenreaktion von Kernspaltungen in Gang gesetzt wird. Diese Reaktion verstärkt sich selbst und setzt dabei im Bruchteil einer Sekunde so viel Energie frei, dass die resultierende Explosion eine ganze Stadt vernichten kann.

Louis Slotin und seine Kollegen arbeiteten mit dem stark radioaktiven Schwermetall Plutonium, das den Kern der meisten damaligen Atomwaffen bildete. Sie untersuchten, unter welchen genauen Umständen das Plutonium den »kritischen Zustand« erreichte – die entscheidende Grenze zwischen einer beherrschbaren und einer unkontrollierten Kettenreaktion. Ob ein Stück Plutonium den kritischen Zustand erreicht, hängt nicht allein davon ab, wie groß es ist. Vielmehr ist auch die Form des Materials wichtig; eine Kugel verhält sich anders als ein Zylinder oder eine Schale. Deshalb ist auch der populäre Begriff der »kritischen Masse« irreführend, wenn es um Kernspaltung geht. Zehn Kilogramm Plutonium können beherrschbar sein oder aber eine Katastrophe auslösen. Neben der Masse entscheiden auch die Begleitumstände wie Form, Dichte und sogar die Beschaffenheit der Umgebung.

Der Grund ist, dass Kernspaltungen durch Neutronen ausgelöst werden. Sie rasen wie Gewehrkugeln durch das

Plutonium, und gelegentlich treffen sie dabei auch einen Atomkern. Wenn das passiert, kann ein Neutron den getroffenen Atomkern mit einer gewissen Wahrscheinlichkeit spalten. Durch diese Spaltung werden neue Neutronen frei, die ihrerseits weitere Kerne spalten können: das Rezept für die Kettenreaktion. Doch einzelne Neutronen können dieser Kettenreaktion auch entkommen. Zum Beispiel indem sie das Material an seiner Oberfläche verlassen: Ein Neutron, das aus dem Plutonium hinaus und durch die Luft fliegt, wird keinen weiteren Plutonium-Atomkern spalten. Deshalb ist es für die Kettenreaktion am günstigsten, wenn die Oberfläche im Vergleich zum Volumen am kleinsten ist. Einfach gesagt: Die gefährlichste Form für ein Stück Plutonium ist eine Kugel.

Bei der Arbeit an den ersten amerikanischen Atomwaffen im Manhattan Project war Plutonium noch überaus knapp. Es standen nur wenige Plutonium-Kugeln zur Verfügung, jede so groß wie eine Orange und rund sechs Kilo schwer. Eigentlich sind sechs Kilogramm Plutonium zu wenig, um den kritischen Zustand zu erreichen – selbst in Form einer Kugel. Die Forscher wollten dem kritischen Zustand jedoch nahe kommen, um das Verhalten von Plutonium beim Einsatz in einer Bombe genau zu verstehen. Deshalb bedienten sie sich eines Tricks: nämlich Neutronenspiegeln.

Dies sind Klötze aus bestimmten Metallen mit der Eigenschaft, auftreffende Neutronen wie ein Spiegel zurückzuwerfen. So lässt sich die Kettenreaktion in einem Stück Plutonium von außen beeinflussen. Denn wenn ein Neutron das Plutonium verlässt, ist es nun nicht mehr unbedingt der Kettenreaktion entkommen – es könnte auch von einem

Neutronenspiegel zurück in das Plutonium geworfen werden, wo es doch wieder Atomkerne spalten kann.

So ließ sich die Kettenreaktion in den Plutonium-Kugeln, die eigentlich zu klein für den kritischen Zustand waren, gezielt verstärken. In der Praxis hieß das: Je mehr Neutronenspiegel-Metallklötze um eine Plutonium-Kugel herum platziert waren und je enger sie diese umschlossen, desto gefährlicher war der ganze Aufbau. Regelmäßig stapelten die Forscher Neutronenspiegel um die Plutonium-Kugeln herum, während sie mit Messgeräten die Stärke der Kernreaktion überwachten. Sie verschoben die Spiegel, um das Plutonium dem kritischen Zustand langsam näher zu bringen, ohne ihn zu erreichen. Voller Selbstüberschätzung und Zynismus nannten die Physiker diese Versuche »den Drachen am Schwanz kitzeln«.

Und was, wenn ein unglücklicher Handgriff versehentlich doch den kritischen Zustand herbeiführte? Das erfuhr der junge Physiker Harry Daghlian Ende August 1945 am eigenen Leib: Beim Aufstapeln von Neutronenspiegeln rutschte ihm ein Metallklotz aus der Hand und fiel auf die Plutonium-Kugel. Die folgende Kettenreaktion setzte ihn einer tödlichen Strahlendosis aus. Er starb innerhalb weniger Wochen.

Die Kritikalitätsexperimente wurden trotzdem fast unverändert weitergeführt. Auch Louis Slotin fand besondere Freude an dieser lebensgefährlichen Arbeit. Inzwischen wurden keine Metallklötze mehr aufgestapelt, sondern das Plutonium wurde in eine hohle, Neutronen reflektierende Halbkugel gelegt. Von oben wurde eine zweite Halbkugel vorsichtig abgesenkt.

Am 21. Mai 1946 führte Slotin diesen Versuch an derselben Plutonium-Kugel durch, die Harry Daghlian das Leben gekostet hatte. Er verzichtete auf die üblichen Sicherungsstifte zwischen den Halbkugeln und verließ sich allein auf die Spitze eines Schraubenziehers in seiner Hand, um sie getrennt zu halten. Es kam, wie es kommen musste: Slotin rutschte mit dem Schraubenzieher ab. Die Halbkugeln fielen aufeinander und umschlossen die Plutonium-Kugel vollständig. Der kritische Zustand wurde augenblicklich überschritten, und eine unkontrollierte Kettenreaktion setzte ein. Slotin und seine Kollegen sahen ein intensives blaues Leuchten, spürten eine Hitzewelle und nahmen einen metallischen Geschmack wahr, bevor Slotin die Reflektoren mit der Hand wieder auseinanderwarf.

Einige der im Labor Anwesenden erkrankten schwer. Slotin, der am nächsten an der Plutonium-Kugel gestanden hatte, starb innerhalb weniger Tage an den Folgen der hohen Strahlendosis. Manchen gilt er heute als Held, weil er die Kettenreaktion sofort wieder stoppte, indem er die Halbkugeln mit der Hand auseinanderhebelte, was zweifellos einigen seiner Kollegen das Leben rettete. Andere sagen, Slotin habe vor allem verantwortungslos gehandelt.

Experimente zum kritischen Zustand wurden fortan nur noch ferngesteuert durchgeführt. Die Plutonium-Kugel, der Slotin und Daghlian zum Opfer gefallen waren, bekam den Spitznamen »Demon Core« (»Dämonenkern«). Sie war eigentlich für Atomtests im Pazifik vorgesehen, doch wegen ihres ungewissen Zustands nach den beiden tödlichen Unfällen wurde sie eingeschmolzen. Ihr Plutonium wurde wiederverwendet. Für neue Atomwaffen.

Die Energie der Kerne

Als Lise Meitner an Weihnachten 1938 in Schweden errechnete, wie viel Energie die Spaltung eines Uran-Atomkerns freisetzen müsste, erschütterte sie der enorme Wert von 200 Megaelektronenvolt.

Das sagt den allermeisten Menschen natürlich nichts. Und in alltägliche Begriffe umgerechnet, ist der Wert aberwitzig klein: 200 Megaelektronenvolt entspricht der Bewegungsenergie einer Schneeflocke, die einen tausendstel Millimeter weit gefallen ist.

Wie kann so eine winzige Menge Energie ein Kraftwerk oder gar eine Bombe antreiben? Des Rätsels Lösung ist, dass selbst in einem winzig kleinen Stück Materie schon unvorstellbar viele Atomkerne samt ihrer gespeicherten Energie stecken.

Ein Beispiel: Angenommen, es gäbe perfekte Kernkraftwerke mit perfektem Uran-Brennstoff (was natürlich Fiktion ist), dann könnte ein Stecknadelkopf aus Uran mit einem Gewicht von etwa 0,02 Gramm ganze 500 Kilowattstunden Energie freisetzen – den Stromverbrauch eines durchschnittlichen Haushalts für zwei bis drei Monate.

Für die Stromerzeugung in Kernkraftwerken braucht es eine gleichmäßige, kontrollierte Kettenreaktion, um die freigesetzte Kernenergie nutzen zu können. Ganz anders ist das bei der Konstruktion einer Bombe: Dort soll eine möglichst starke, unkontrollierte Kettenreaktion ablaufen und binnen möglichst kurzer Zeit möglichst viel Kernenergie freisetzen.

In der Bombe, die über Hiroshima abgeworfen wurde, befanden sich etwa 64 Kilogramm Uran. Aus technischen Gründen kam weniger als ein Kilogramm davon tatsächlich zur Spaltung – und löschte dennoch eine ganze Stadt aus.

All dies erkannten Lise Meitner und zahlreiche Physiker weltweit praktisch sofort, als sie diesen scheinbar nichtssagenden und doch so bedeutungsvollen Wert lasen: 200 Megaelektronenvolt.

5.2. Der einzigartige Überlebende

Mein liebster Nebenjob im Studium war es, Besuchergruppen am Hamburger Forschungszentrum DESY (Deutsches Elektronen-Synchrotron) herumzuführen und ihnen einige der größten Teilchenbeschleuniger Europas zu zeigen. Schon der Aufbau solcher Anlagen selbst war oft ein Experiment. Wer kann einem schon sagen, ob eine Maschine funktionieren wird, wenn es auf der Welt nichts Vergleichbares gibt? Und: Wer kann garantieren, dass für Mensch und Umwelt keine Gefahr besteht? Erfreulicherweise sind Teilchenbeschleuniger heute sehr sicher. Es gibt umfangreiche Regeln für den Strahlenschutz, und die Anlagen werden sehr gewissenhaft und unter umfangreichen Sicherheitsmaßnahmen betrieben.

Doch das war nicht immer so. Manche Besucher fragten nach einer haarsträubenden Geschichte von einem Beschleuniger-Unglück vor vielen Jahren. Gab es da nicht diesen Mann …? Ja, es gab diesen Mann wirklich. Sein unglaubliches

Pech machte ihn zum Mittelpunkt eines vollkommen ungeplanten, und lebensgefährlichen, Experiments. Sein Name ist Anatoli Petrowitsch Bugorski. Er geriet mit dem Kopf in den Strahl eines Teilchenbeschleunigers – und überlebte.

Bugorskis Unfall ist der zweifellos bizarrste in der knapp 70-jährigen Geschichte der Teilchenbeschleuniger. Er ereignete sich im Jahr 1978 an der sowjetischen Forschungsanlage U-70. Der ringförmige Beschleuniger mit einem Umfang von fast eineinhalb Kilometern gehörte damals zu den leistungsfähigsten der Welt und ist bis heute die größte Anlage ihrer Art in Russland.

Teilchenbeschleuniger werden genutzt, um geladene Teilchen auf hohe Geschwindigkeiten – und damit hohe Energien – zu bringen. Beschleunigt werden meist leichte Elektronen oder die schweren Kernbausteine namens Protonen, aber gelegentlich auch komplette Atomkerne. Diese schnellen Teilchen sind dann selbst eine Art Strahlung, für die es mannigfaltige Anwendungen gibt. Sie kann verschiedenste Materialien durchdringen und ihre Eigenschaften offenlegen. Sie kann Materie auch gezielt verändern und dadurch Stoffe erzeugen, die auf anderem Wege kaum herzustellen sind. Nicht zuletzt können schnelle geladene Teilchen extrem intensive Röntgenstrahlung abgeben, die etwa in der Materialforschung gefragt ist oder auch der biologischen Grundlagenforschung besondere Einblicke in die Struktur komplexer Moleküle ermöglicht.

Der Ringbeschleuniger U-70 wurde Ende der 1960er-Jahre in Protwino gebaut, einer zu Sowjetzeiten eigens angelegten Forscherstadt rund 100 Kilometer südlich von Moskau. Anatoli Bugorski arbeitete dort als Doktorand an einem

Experiment, das Teilchen aus diesem Beschleuniger nutzte. Die Teilchen wurden zunächst in der ringförmigen Anlage beschleunigt und nach Erreichen einer vorbestimmten Energie aus dem Ring ausgekoppelt und zu verschiedenen Versuchsaufbauten gelenkt. Dort wurden sie genutzt, um Proben zu bestrahlen oder zu durchdringen.

Am 13. Juli 1978 wollte Bugorski eine Fehlfunktion an einem Messgerät beheben, das zu einem solchen Versuchsaufbau gehörte. Er begab sich dafür zum Experiment – während der Strahl noch aktiv war. Normalerweise hätten »Interlocks« das verhindern sollen: spezielle Türen, die jeden Anlagenteil abriegeln, der von den Teilchen durchflogen wird. Wer eine Interlocktür öffnet, sollte sofort eine Notabschaltung des Teilchenbeschleunigers auslösen. Doch der Beschleuniger lief gerade mit verringerter Energie, weshalb die Interlocks nicht aktiv waren. Wenigstens ein leuchtendes Schild hätte Anatoli Bugorski noch warnen können – doch die Glühbirne darin war kaputt. Die allerletzte Hürde war das metallene Strahlrohr, welches den Teilchenstrahl fast überall umschloss. Ausgerechnet an Bugorskis Arbeitsplatz war es jedoch kein Schutz: Der Strahl wurde hier eine kleine Strecke frei durch die Luft geführt.

Und nur so konnte es passieren: Als der junge Forscher sich über seine Apparatur beugte, geriet sein Kopf in den Strahl aus schweren, positiv geladenen Teilchen, die mit bis zu 60 Prozent der Lichtgeschwindigkeit durch die Luft flogen. Bugorski verspürte keinen Schmerz, sah aber ein extrem helles Licht, bevor er zurückschreckte. Pflichtbewusst brachte er seine Reparatur zu Ende und vermerkte sie im Laborbuch. Erst am folgenden Tag meldete er sich wegen

Benommenheit und Schwellungen im Gesicht bei den Ärzten. Die verfrachteten ihn sofort in eine Spezialklinik für Strahlenunfälle, wo niemand mit seinem Überleben rechnete. Die Teilchen, die Bugorskis Kopf durchquerten, hatten eine tausendfach höhere Energie als heute in medizinischen Bestrahlungen üblich. Es wurde berechnet, dass er das Hundertfache einer tödlichen Dosis aufgenommen hatte.

Hätte Bugorski eine ähnlich große Strahlenbelastung unter anderen Umständen erlitten – etwa durch einen Unfall mit Radioaktivität oder mit Kernspaltungen wie Louis Slotin bei der Arbeit an der Atombombe –, so wäre diese mit Sicherheit tödlich gewesen. Doch Bugorskis Unfall war und ist weltweit unvergleichlich. Denn die außerordentlich energiereiche Strahlung wirkte nicht großflächig auf seinen Körper ein. Stattdessen drangen die Teilchen nur entlang eines dünnen Kanals durch Bugorskis Kopf, wobei sie glücklicherweise lebenswichtige Blutgefäße und Hirnregionen verfehlten. So kam es, dass Anatoli Bugorski seinen Unfall nicht nur überlebte, sondern einige Monate später die Arbeit wieder aufnahm und schließlich seinen Doktor machte. Stets im Vollbesitz seines Geistes, plagten ihn dennoch verschiedene Leiden: Die linke Hälfte seines Gesichts verlor ihre Mimik, er hört auf dieser Seite sehr schlecht, ein Tinnitus und gelegentliche Krampfanfälle machen ihm zu schaffen.

Er arbeitete unbeirrt jahrzehntelang weiter mit eben jenem Beschleuniger, der ihn fast umgebracht hätte. Ein paar verstreute Hinweise auf den russischsprachigen Internetseiten des Instituts für Hochenergiephysik in Protwino zeugen von seiner Arbeit in der Teilchenphysik bis in die jüngste Vergangenheit. Nach einem Bericht des großen russischen

Wochenmagazins »Argumenty i Fakty« war er auch im Jahr 2020, mit 77 Jahren, noch dort beschäftigt.

Wer die Gelegenheit dazu hat, sollte sich einen Besuch an einem Teilchenbeschleuniger nicht entgehen lassen. Jede dieser Maschinen hat ihre ganz eigene Geschichte, und die Forscherinnen und Forscher, die jahrelang mit ihnen arbeiten, haben oft erstaunliche, ulkige oder haarsträubende Anekdoten zu erzählen.

Eine davon kennen Sie nun auch: Gab es da nicht diesen Mann …? Ja, es gibt ihn wirklich, und sein Name ist Anatoli Bugorski.

Strahlung im Dienst der Gesundheit

Mehr als ein Jahrhundert ist vergangen, seit Wilhelm Conrad Röntgen die Hand seiner Frau durchleuchtete und das von Marie Curie entdeckte Radium erstmals zur Behandlung von Tumoren eingesetzt wurde. Seitdem ist der Einsatz von Strahlung und radioaktiven Stoffen in der Medizin so vielfältig geworden, dass er schwer zu überblicken ist. Zwei solcher medizinischen Anwendungen sind für uns in diesem Kapitel besonders interessant.

Die erste ist eine fortschrittliche Krebstherapie. Schon lange werden Tumore mit gezielter Röntgenstrahlung, Gammastrahlung oder durch das Verabreichen von radioaktiven Stoffen behandelt. Die Schwierigkeit dabei: Die Strahlung soll das kranke Gewebe angreifen, das umliegende, gesunde Gewebe aber möglichst nicht.

Besonders gut kann dies in vielen Fällen eine Bestrahlung mit Protonen leisten. Denn die Energie der Protonen lässt sich so einstellen, dass sie erst in einer bestimmten Tiefe unter der Haut ihre größte Wirkung entfalten. Dies ist besonders vorteilhaft bei Tumoren in der Nähe empfindlicher Organe, die von der Strahlung möglichst verschont bleiben sollen.

Doch diese Technik hat ihren Preis: Für eine Bestrahlung mit Protonen braucht es einen Teilchenbeschleuniger. Einen solchen können sich bisher nur sehr wenige medizinische Einrichtungen leisten. Es gibt fünf solcher Behandlungszentren in Deutschland, aber kaum mehr als 100 weltweit. Sie liegen fast alle in Europa, den USA oder Japan – das restliche Dutzend verteilt sich auf die wohlhabenderen Länder Asiens. Bislang kann diese Behandlung weder in Lateinamerika oder Afrika, noch irgendwo auf der Südhalbkugel angeboten werden. Erst im Laufe der 2020er-Jahre soll sie zunächst in Australien, Indonesien, Ägypten und Argentinien möglich werden.

Unterdessen arbeiten mehrere Forschungszentren weltweit – darunter auch DESY in Hamburg – an neuartigen Teilchenbeschleunigern. Eine vielversprechende Technik ist die Plasmabeschleunigung, die womöglich kleinere und günstigere Beschleuniger als bisher ermöglichen könnte. Was zur Zeit als neues Spielzeug für experimentierfreudige Physiker entwickelt wird, könnte dann auch der Medizin einen Nutzen bringen.

Eine zweite bedeutende Anwendung von Radioaktivität in der Medizin ist ein Verfahren, das die Funktion verschiedenster Organe überwachen kann: etwa der Schilddrüse, des Herzens oder sogar des Gehirns. Das Verfahren heißt Szintigrafie und bedient sich meist eines Stoffs namens Technetium-99m.

Technetium-99m bezeichnet eine bestimmte, radioaktive Variante des Metalls Technetium. Dessen Atomkerne senden beim Zerfall Gammastrahlung aus, also eine Variante des Lichts mit sehr hoher Energie, die lebendes Gewebe durchdringen kann. Das kann gewöhnliche Röntgenstrahlung im Prinzip auch. Das Besondere am Einsatz von Technetium-99m ist, dass es Patienten verabreicht wird, damit die Strahlung im Inneren des Körpers entsteht.

Atome von Technetium-99m werden dafür chemisch mit anderen Stoffen verbunden, die sich in bestimmten Organen ansammeln. Diese Verbindung wird dann dem Patienten verabreicht. Je nach Untersuchung werden so beispielsweise die Schilddrüse, das Herz oder das Gehirn für kurze Zeit leicht radioaktiv.

Das mag gruselig klingen, hat aber einen großen Nutzen. Denn die Strahlung, die dann von diesen Organen ausgeht, birgt wichtige Hinweise auf die Funktion des Organs. Gibt es überaktive Regionen in der Schilddrüse? Arbeitet der Herzmuskel normal? Ist das Gehirn angemessen durchblutet?

Um diese Hinweise auszuwerten, wird die Strahlung aus dem zu untersuchenden Organ mit einem Messgerät namens Gammakamera aufgefangen. Es rechnet die Messdaten schließlich in ein Bild um, das ein Arzt oder eine Ärztin auswerten kann – ähnlich einem Röntgenbild, aber mit zusätzlichen Informationen.

Doch woher kommt Technetium-99m? Es muss in einem mehrstufigen kerntechnischen Prozess hergestellt werden. Es zerfällt nämlich sehr schnell, mit einer Halbwertszeit von nur rund 6 Stunden. Das hat den Vorteil, dass die Radioaktivität aus dem Körper des Patienten schnell wieder abklingt. Doch wie lassen sich Krankenhäuser in aller Welt mit einem Stoff versorgen, der binnen einiger Stunden wieder verschwunden ist?

Ausgangspunkt sind heute vor allem Kernreaktoren. Dort werden Uran-Kerne gespalten, wobei unter anderem das Metall Molybdän-99 entsteht. Es ist ein »Mutternuklid« für den begehrten Stoff: Das Molybdän-99 zerfällt mit einer Halbwertszeit von knapp drei Tagen in Technetium-99m.

Diese Halbwertszeit von knapp drei Tagen ist der sprichwörtliche Flaschenhals: Das Molybdän-99 muss möglichst schnell von wenigen auf der Welt verstreuten Kernreaktoren in die Krankenhäuser gelangen. Das geschieht in Form von Technetium-99m-Generatoren: Diese Geräte enthalten Molybdän-99 in einer besonderen chemischen Bindung.

Mit einer Kochsalzlösung kann ein- bis zweimal täglich das Technetium-99m aus dem Generator ausgewaschen werden, welches dort durch den Zerfall des Molybdän-99 entstanden ist. In der Praxis wird dieser Vorgang als »Melken« des Generators bezeichnet. Ein Generator kann einige Tage lang frisches Technetium-99m liefern, das dann für einige Stunden zum Einsatz im Patienten zur Verfügung steht.

Der Transport der Generatoren von den kerntechnischen Anlagen in die Krankenhäuser ist eine große logistische Herausforderung. Über größere Strecken können sie beispielsweise nur auf dem Luftweg transportiert werden, da das Molybdän-99 auf der langen Reise per Frachtschiff schon größtenteils zerfallen würde.

Zwar gibt es Bestrebungen, Technetium-99m für den medizinischen Einsatz auch auf etwas einfacherem Wege mithilfe von Teilchenbeschleunigern herzustellen, anstatt dafür Uran zu spalten. Doch auf absehbare Zeit wird unsere Zivilisation nicht ganz ohne Kernreaktoren auskommen, wenn sie eine bestmögliche medizinische Versorgung sicherstellen will.

5.3. Der Test von Tschernobyl

Am Tag nach dem Reaktorunglück von Fukushima 2011 stand ich als junger Physikstudent mit einem Kommilitonen auf einer Kundgebung in der Hamburger Innenstadt und fachsimpelte über den Zustand der Reaktoren im verunglückten Atomkraftwerk. Plötzlich bemerkte ich, dass uns Umstehende gebannt zuhörten: Sie wollten wissen, wie wir als augenscheinlich Fachkundige die undurchsichtige Lage einschätzten. Der Moment machte mir bewusst: Physiker zu sein, bedeutet Verantwortung. Nicht nur für die Ergebnisse der eigenen Arbeit, sondern auch dafür, in solchen Momenten vor wissbegierigen Zuhörenden nicht wild zu spekulieren, sondern sich fundiert und gewissenhaft zu äußern.

Die Ursache für das Unglück von Fukushima war, dass ein unzureichend geschütztes Kernkraftwerk von einer großen Naturkatastrophe getroffen wurde. Das Unglück von Tschernobyl hingegen – der andere der beiden schwersten Reaktorunfälle aller Zeiten – geht klar auf vielfaches menschliches Versagen zurück.

Das Kernkraftwerk Tschernobyl bestand 1986 aus vier Reaktoren. Routinemäßig sollte Ende April der modernste von ihnen vorübergehend abgeschaltet werden. Vorher wollten die Betreiber aber noch einen Versuch durchführen: einen Sicherheitsnachweis. Der hätte eigentlich schon mit der Inbetriebnahme des Reaktors zweieinhalb Jahre zuvor stattfinden sollen, war aber unerlaubterweise unterlassen worden. Spätere Anläufe, ihn nachzuholen, schlugen fehl. Nun, am 25. April 1986, wollte man ihn endlich abhaken. Der Versuch sollte zeigen, dass das Kraftwerk zwei schwere Störungen zugleich aushalten konnte. Erstens: ein Leck im Kühlsystem. Und zweitens: einen Stromausfall.

Im Reaktorkern eines Kernkraftwerks wird durch Kernspaltung im Brennstoff ständig Wärme freigesetzt. Der Reaktorkern muss deshalb stets gekühlt werden, um keinen Schaden zu nehmen. Diese Kühlung geschieht mit Pumpen, die Kühlmittel zirkulieren lassen. Das Kühlmittel fließt durch den Reaktorkern und nimmt dort Wärme auf. Die aufgenommene Wärme kann zum Teil zur Stromerzeugung genutzt werden, der Rest wird an die Umwelt abgegeben.

Tritt ein Leck im Kühlsystem auf, schaltet sich ein laufender Reaktor sofort selbst ab. Dadurch vermindert sich die

Wärmeentwicklung im Kern, aber verschwindet nicht ganz. Der Kern muss also auch nach dem Abschalten unbedingt weiter gekühlt werden. Diese Aufgabe übernimmt dann ein separates Notkühlsystem. Das Notkühlsystem kann jedoch nicht mit Strom aus dem Reaktor selbst versorgt werden, da dieser sich gerade selbst abgeschaltet hat. Deshalb werden die Notkühlpumpen in einer solchen Situation von außen – also aus benachbarten Kraftwerken oder dem allgemeinen Stromnetz – mit Strom versorgt.

Doch was, wenn die Stromversorgung von außen ausfällt? Es klingt paradox, doch ein Stromausfall kann eine ernste Gefahr für ein Kernkraftwerk sein. Deshalb verfügen Kernkraftwerke über Notstromgeneratoren. Sie verbrennen Diesel und erzeugen damit Strom für die Kühlpumpen. Die Dieselgeneratoren können jedoch nicht permanent laufen – sie werden erst hochgefahren, wenn sie gebraucht werden. Dafür brauchten sie damals etwa eine Minute.

Der Versuch im Kernkraftwerk Tschernobyl sollte nachweisen, dass sich diese kritische Minute bei einem gleichzeitigen Kühlleck und Stromausfall sicher überbrücken ließe: Der restliche Schwung der auslaufenden großen Turbinen des Kraftwerksgenerators sollte die Pumpen noch so lange mit Strom beliefern, bis die Dieselgeneratoren hochgefahren waren. Der Reaktorkern stünde also zu keiner Zeit ohne Kühlung da. Zur Durchführung des Versuchs war es nötig, in die Steuerung der Reaktorkühlung einzugreifen. Das war überaus heikel für die Sicherheit des Kraftwerks. Trotzdem wurde die Angelegenheit so behandelt, als erfordere sie keine besondere Aufmerksamkeit durch reaktorphysikalisch geschultes Personal – eine krasse und verantwortungslose Fehleinschätzung.

Der Versuch sollte am Nachmittag des 25. April stattfinden, wozu der Reaktor auf rund ein Drittel seiner üblichen Leistung heruntergefahren werden sollte. An jenem Tag wurde jedoch unerwartet viel elektrische Energie in der Region Kiew benötigt, weshalb das Herunterfahren unterbrochen wurde. Der Versuch fiel dadurch in die Nachtschicht – deren Mannschaft mit dem Vorhaben überhaupt nicht vertraut war. Etwa eine Stunde vor dem Start des Versuchs unterlief dieser Mannschaft im Kontrollraum zudem aus ungeklärtem Grund ein folgenschwerer Fehler: Der Reaktor wurde nicht bloß auf ein Drittel, sondern auf kaum mehr als ein Prozent seiner Leistung heruntergefahren.

Dadurch befand sich der Reaktor in einem besonderen Zustand, der Xenonvergiftung genannt wird. Das Herunterfahren hatte einen Überschuss des Edelgases Xenon produziert, welches die Kernspaltung im Reaktor drosselt. Den Reaktor danach noch weiterzubetreiben, war erstens schwierig, zweitens in hohem Maße unsicher und drittens ausdrücklich verboten. Der Reaktor hätte sofort abgeschaltet und der Versuch verschoben werden müssen. Doch die Mannschaft hielt an der Durchführung fest. Es lässt sich nur vermuten, dass sie den Ernst der Lage nicht erkannte.

Während also im Kontrollraum noch von einem harmlosen Test der Pumpen und Generatoren ausgegangen wurde, stand der Reaktor schon kurz vor der Katastrophe. Mit dem Start des Versuchs um 1:23:04 Uhr begann das Auslaufen der Turbine, wodurch sich die Leistung der angeschlossenen Kühlmittelpumpen verringerte. Dadurch kam eine altbekannte, aber nie behobene Konstruktionsschwäche des Reaktors zum Tragen. Der fragliche Reaktortyp setzt nämlich auf Wasser als Kühlmittel und Grafit als sogenanntem Moderator (einem Stoff zum Abbremsen der durch Kernspaltung freigesetzten Neutronen, damit diese besser weitere Kerne spalten können). Diese Kombination ist jedoch sehr unglücklich, denn zu viel Wasserdampf im Reaktorkern konnte die Kettenreaktion sprunghaft verstärken.

Genau das wurde nun durch die verringerte Pumpleistung herbeigeführt. Die Leistung des Reaktors stieg plötzlich bedrohlich an. Die Mannschaft im Kontrollzentrum aktivierte deshalb nur Sekunden später, um 1:23:40 Uhr, die Notfallabschaltung. Sie sollte als letztes, ultimatives Mittel einen Kontrollverlust verhindern. Doch ausgerechnet die Notabschaltung hatte eine fatale Schwäche. Anstatt die Kettenreaktion einzudämmen, verstärkte der Abschaltmechanismus sie kurzfristig. Grund dafür war die ungünstige Positionierung von Grafitelementen im Steuersystem.[11] Sie wirkte wie ein Feuerwehrschlauch, der beim Aufdrehen nicht zuerst Wasser versprüht – sondern Benzin.

In Sekundenbruchteilen geriet der Reaktor außer Kontrolle. Explosionen zerstörten den Reaktorkern und das umgebende Gebäude. Der Kern stand stundenlang in Flammen und entließ tagelang gewaltige Mengen Radioaktivität in die Umwelt. Die Katastrophe war das Resultat schlechter Konstruktion, vertuschter Fehler, übereifriger Betreiber und schlecht geschulten Personals.

---

11 In der erfolgreichen TV-Miniserie »Chernobyl« des US-Senders HBO heißt es, die für die Abschaltung verantwortlichen Steuerstäbe hätten fatalerweise »Spitzen aus Grafit« gehabt, weil dies »billiger« gewesen sei. Die wahren technischen Hintergründe sind weitaus komplizierter. Trotzdem hätte die entscheidende Schwäche des Reaktors erkannt und behoben werden können – und wurde stattdessen ignoriert.

Binnen weniger Jahre wurden Hunderttausende sowjetische Bürger zu Einsätzen am Unglücksort herangezogen. Mit den gesundheitlichen Folgen ihres Einsatzes wurden sie alleingelassen. Dafür erhielten diese »Liquidatoren« zynischerweise Orden, die sie als »Teilnehmer der Liquidation der Folgen der Havarie [des Kernkraftwerks Tschernobyl]« auszeichneten.

Der Orden zeigt einen Blutstropfen, durchschnitten von drei gestrichelten Linien. Die Linien sind beschriftet mit den griechischen Buchstaben Alpha, Beta und Gamma und unterschiedlich stark gekrümmt – eine ergreifende Darstellung der Wirkung von Radioaktivität auf den menschlichen Körper. Einer dieser Orden, ein Geschenk von einem Trödelmarkt, hängt eingerahmt über meinem Schreibtisch, seit ich mein Diplom habe. Er erinnert mich an die Verantwortung, Physiker zu sein.

Hat die Entdeckung der Radioaktivität der Menschheit insgesamt mehr genutzt oder geschadet? Es ist eine unmögliche Abwägung. Wie sollte man die vielen tragischen Fälle von Strahlenkrankheit gegen den Segen der medizinischen Bildgebung aufrechnen? Wie schwer wiegt der Schrecken von Atomwaffen gegenüber neuer Hoffnung im Kampf gegen Krebs? Können Kernreaktoren ein Irrweg gewesen sein, wenn sie heute auch lebenswichtige Substanzen für die Medizin herstellen?

Die Frage ist ohnehin überflüssig. Denn: »Was einmal gedacht wurde, kann nicht mehr zurückgenommen werden.« So heißt es in dem Theaterstück »Die Physiker« von Friedrich Dürrenmatt, in dem Forscher von den Konsequenzen ihrer Arbeit geplagt werden.

Für einen Atomkern macht es keinen Unterschied, ob er in einem Labor zerfällt, in einem Reaktor oder in einem Sprengkopf. Eine Kernspaltung kann neues Wissen bringen oder nützliche Energie – oder den Tod. Was davon es wird, liegt allein an uns Menschen.

Kapitel 6

Das Albert-Einstein-Spezial

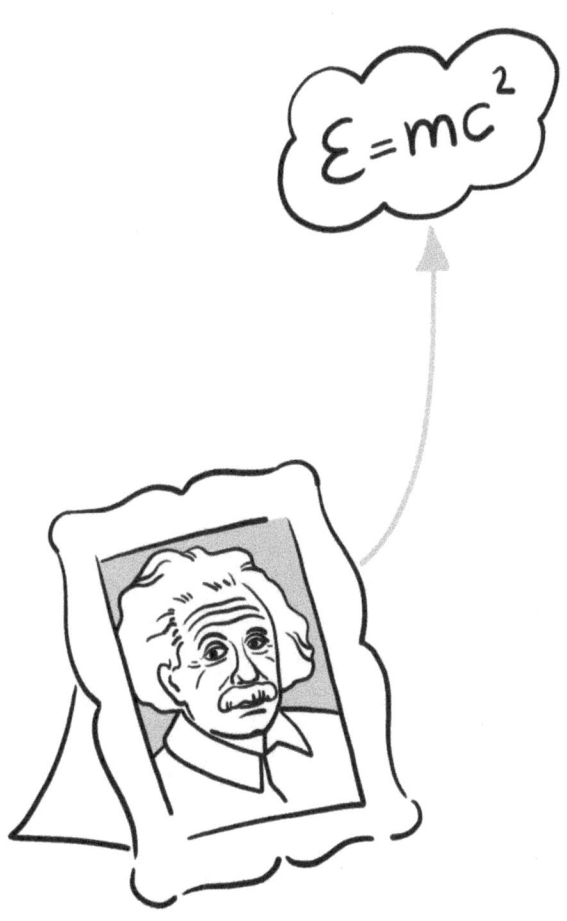

6.1. Albert zum Quadrat

Meine Kolumne im P.M. Magazin hat den Untertitel: »Weltbewegende Experimente und ihre Geschichte«. Kaum ein historischer Versuch passt besser dazu als das Michelson-Morley-Experiment. Es machte sich buchstäblich die Bewegung der Erde durchs All zunutze, und seine Resultate veränderten die Physik für immer. Der Versuch ging außerdem in die Geschichte ein, weil Albert Michelson damit Albert Einstein den Weg bereitete.

Albert Michelsons Weg zum Weltruhm begann bescheiden. Seine Familie wanderte kurz nach seiner Geburt in den 1850er-Jahren aus dem Königreich Preußen in die USA aus, nachdem die deutsche Märzrevolution gescheitert war. In Amerika ging Albert zur Marine: Dank seines außergewöhnlichen Talents gelang ihm der steile Aufstieg von der Offiziersschule in den naturwissenschaftlichen Dienst. Die US-Marine erlaubte Albert Michelson schließlich sogar, in Europa zu forschen. So kam er um 1880 nach Berlin. Das Königreich Preußen war inzwischen im Deutschen Reich aufgegangen, und Berlin war seine Hauptstadt. Am anderen Ende dieses Reiches, in Ulm im Königreich Württemberg, war gerade Albert Einstein geboren worden.

Albert Michelson war fasziniert von der Natur des Lichts. Ihn beeindruckten besonders die Versuche, die Hippolyte Fizeau Mitte des 19. Jahrhunderts durchgeführt hatte. Fizeau hatte nicht nur die Lichtgeschwindigkeit gemessen (Kapitel 1.2.), sondern später auch festgestellt: Licht breitet sich im Wasser langsamer aus als in der Luft. Als Konsequenz aus dieser Messung setzte sich die Erkenntnis durch, dass Licht tatsächlich ein Wellenphänomen war – und kein Strom winziger Kügelchen, wie Isaac Newton behauptet hatte. Doch eine Frage blieb offen: Was genau gerät in Schwingung, wenn sich Licht ausbreitet? Für andere Wellen war diese Frage leicht zu beantworten: Wellen auf dem Meer entstehen durch Bewegung des Wassers; Schallwellen sind Schwingungen der Luft. Doch welcher Stoff beherbergt die Wellen des Lichts?

Fast alle Wissenschaftler des 19. Jahrhunderts nahmen an, die Welt sei von einer kaum fassbaren Substanz erfüllt, deren Schwingungen der Ursprung des Lichts waren. Abgeleitet vom Lateinischen für »lichttragende Luft« wurde dieses Medium im Englischen und Französischen »luminiferous ether« bzw. »l'éther luminifère« genannt, im Deutschen war vom »Lichtäther« die Rede. Doch so sehr sich die Forscher einig waren, dass dieser Lichtäther das gesamte Universum erfüllte: Seine Gegenwart ließ sich einfach nicht nachweisen.

Mit einem genialen Versuchsaufbau wollte Albert Michelson dem Lichtäther auf die Spur kommen. Seine Überlegung beruhte darauf, dass die Erde mit fast 30 Kilometern pro Sekunde um die Sonne kreist, während der Äther als stillstehend angenommen wurde. Ein Lichtstrahl, der in dieselbe Richtung flog wie die Erde, müsste also eine Art Äther-Gegenwind erfahren – so wie man beim schnellen Laufen einen Wind von vorn spürt, selbst wenn Windstille herrscht. Während also ein Ätherwind von vorn das Licht verlangsamen müsste, wäre es in einer anderen Richtung senkrecht dazu nicht betroffen. Um diesen Unterschied zu vermessen, ersann Michelson einen Versuchsaufbau, der die Geschwindigkeit von Licht in Vorwärts- und Seitwärts-Richtung miteinander vergleichen sollte.

In einer Forschungsarbeit von 1881 beschrieb er seinen Aufbau: Ein starker Lichtstrahl traf zunächst auf einen halb durchlässigen Spiegel. Dadurch wurde der Lichtstrahl zweigeteilt: ein Teil lief geradeaus, der andere zur Seite. Beide Arme des Versuchsaufbaus waren wiederum von Spiegeln begrenzt, die das Licht zurückwarfen. Auf dem Rückweg wurden die Strahlen wieder miteinander überlagert, wodurch ein Interferenzmuster entstand – eine Art Vergleich der beiden Lichtstrahlen. Michelson warf das Interferenzmuster auf einen Schirm, um es zu untersuchen.

Nun folgte der entscheidende Schritt: Michelson drehte seinen Apparat schrittweise um 90 Grad. Die beiden Lichtstrahlen würden dadurch ihre Ausrichtung zum Ätherwind tauschen: derjenige, der zuvor Gegenwind erfuhr, hätte nun keinen mehr, während der andere in den Ätherwind hinein gedreht wurde. Während dies geschah, müsste Michelson sehen können, wie sich das Interferenzmuster auf dem Schirm veränderte – denn einer der Lichtstrahlen müsste sich verlangsamen, während der andere schneller wurde.

Doch egal wie Albert Michelson sein Instrument auch drehte und wendete: Er konnte den gesuchten Effekt nicht finden. Das Interferenzmuster änderte sich nicht wie erwartet, während Michelson sein Instrument drehte. Es schien, als wäre der vermutete Unterschied in der Lichtgeschwindigkeit je nach Flugrichtung gar nicht vorhanden. Michelson veröffentlichte deshalb 1881 die mutige Schlussfolgerung: Die Existenz des Lichtäthers sei widerlegt, eine solche Substanz könne nicht existieren.

Seine Schlussfolgerung wurde jedoch von der Fachwelt nicht akzeptiert– zu selbstverständlich erschien es damals, dass der Lichtäther die Welt erfüllte. Zudem fanden andere Forscher Fehler in Michelsons Berechnungen. Über die Jahre begann Michelson selbst, an seinem Ergebnis zu zweifeln. Um die Frage nach dem Lichtäther ein für alle Mal zu klären, baute Michelson zurück in den USA mit der Hilfe des Chemikers Edward Morley eine noch viel genauere Variante seines Experiments auf. Sie sollte sich auch den Lauf der Jahreszeiten zunutze machen. Denn auf ihrer Bahn um die Sonne müsste die Erde stets ihre Flugrichtung durch den Äther ändern. Eine Vermessung des Ätherwindes und seiner Auswirkungen auf die Lichtgeschwindigkeit müsste deshalb im Frühjahr, Sommer, Herbst und Winter stets unterschiedliche Ergebnisse liefern.

Michelson und Morley nahmen im Jahr 1887 unzählige Messreihen auf und wiederholten ihre Experimente alle drei Monate, um diesen Effekt auszunutzen. Doch wieder war in den Daten keinerlei Veränderung der Lichtgeschwindigkeit zu erkennen. Michelson sah sich letztlich doch in seiner Schlussfolgerung bekräftigt: Der Lichtäther existierte nicht. Die wissenschaftliche Welt quittierte seine nun eindeutigen, aber immer noch ungeliebten Ergebnisse mit betretenem Schweigen.

Einige Jahre später jedoch erkannte Albert Einstein die bahnbrechende Bedeutung von Albert Michelsons Messergebnissen. Sie inspirierten ihn dazu, eine absolut unveränderliche Lichtgeschwindigkeit zum Eckpfeiler der Speziellen Relativitätstheorie von 1905 zu machen. Dass die Lichtgeschwindigkeit stets dieselbe ist – egal wo und aus wessen Perspektive –, war für Einstein kein Messfehler, sondern ein Naturgesetz. Die Spezielle Relativitätstheorie war ein Triumph und verhalf auch Albert Michelson zu der ihm gebührenden Anerkennung: Er wurde 1907 als erster US-Amerikaner überhaupt mit dem Nobelpreis ausgezeichnet.

Doch das ist noch nicht die ganze Geschichte des Traumduos aus Albert und Albert. Denn Michelsons Erfindung half mehr als ein Jahrhundert später erneut, Einsteins Relativitätstheorie zu beweisen. Das war im Jahr 2015 beim Nachweis von Gravitationswellen, die Albert Einstein 1915 vorhergesagt hatte. Was es mit dieser Entdeckung auf sich hat, werden wir bald genauer betrachten. Hier sei nur gesagt: Die Messung gilt als Jahrhundert-Errungenschaft und wurde sofort mit einem Physik-Nobelpreis ausgezeichnet. Sie konnte nur gelingen, weil das empfindlichste Messgerät in der Geschichte der Menschheit zum Einsatz kam – beruhend auf dem Prinzip von Michelsons Interferometer.

Dabei war es ausgerechnet die Empfindlichkeit seiner Apparatur, die Albert Michelson im Jahr 1881 schier verrückt machte. Sie war zunächst in einem Labor mitten in Berlin aufgebaut. Dort herrschte jedoch so viel Betrieb, dass schon die schwachen Erschütterungen des belebten Gebäudes und seiner Umgebung die Messung unmöglich machten. Selbst nach Mitternacht, wenn Michelson allein im Gebäude war, schüttelte der nächtliche Großstadtverkehr das sensible Instrument zu stark durch.

Das Experiment zog deshalb in einen Keller unter der Sternwarte in Potsdam um, wo es ruhiger zuging. Doch selbst hier war Michelson nicht vor Störungen sicher. Man sieht ihn förmlich die Arme in die Luft werfen, wenn er in seiner Forschungsarbeit von 1881 beklagt, dass noch das Pflastern eines Gehwegs in 100 Metern Entfernung vom

Institut seine Messungen zeitweise unmöglich mache.«Wenn dieses Instrument«, kommentierte Michelson, »schon so reagiert, obwohl es als unempfindlich konstruiert wurde – was könnten wir nicht alles von einer Variante erwarten, die so empfindlich wie möglich gebaut würde!«

Weder Michelson noch Einstein haben erlebt, wie die Antwort auf diese rhetorische Frage lautet: nämlich dass Albert Michelsons Erfindung einen Jahrhundert-Beweis für Albert Einsteins bedeutendste Theorie lieferte. Zweifellos wären beide Alberts darüber sehr glücklich gewesen.

Einsteins beide Relativitätstheorien

Albert Einstein spielte ein halbes Jahrhundert lang, von 1905 bis zu seinem Tod 1955, eine wichtige Rolle in der Wissenschaft. Er lieferte in dieser Zeit zahlreiche bedeutende Beiträge zu verschiedenen Gebieten der Physik, etwa der Quantentheorie.

Doch sein bekanntestes und wichtigstes Werk ist zweifellos die Relativitätstheorie – oder besser gesagt: die beiden Relativitätstheorien. Denn es lohnt sich zu unterscheiden zwischen Einsteins Spezieller Relativitätstheorie von 1905 und seiner Allgemeinen Relativitätstheorie von 1915.

Die Spezielle Relativitätstheorie entstand in Einsteins »Wunderjahr« 1905, als er gerade einmal 26 Jahre alt war. Es war der Höhepunkt der Suche nach der Natur des Lichts, an der sich Physiker über 200 Jahre lang die Zähne ausgebissen hatten. Einstein erkannte: Das Licht hat Wellen- und Teilchen-Eigenschaften zugleich, die Lichtgeschwindigkeit (im Vakuum) muss bei jeder Messung stets dieselbe sein, und sie stellt eine absolute Grenze für alle Bewegung im Universum dar.

Mit der Speziellen Relativitätstheorie knüpfte Einstein an frühere Theorien und bekannte Messergebnisse an und brachte sie erstmals in einen großen Zusammenhang, der ein neues Verständnis von Raum und Zeit lieferte. Auch die berühmte Formel $E=mc^2$, die den Zusammenhang von Masse und Energie beschreibt, gehört zu dieser Theorie. Doch auch ohne Einstein wäre sie wahrscheinlich bald gefunden worden: Um die Jahrhundertwende lag die Spezielle Relativitätstheorie gewissermaßen in der Luft.

Einstein selbst war stets unzufrieden mit seiner Speziellen Relativitätstheorie. Denn sie brachte zwar Licht und Raum und Zeit in einen neuen, großen Zusammenhang – aber ließ dabei die Schwerkraft außen vor. Sein großer Traum war es, auch die jahrhundertealte Frage, warum die Dinge zur Erde fallen und die Himmelskörper umeinander kreisen, allumfassend zu beantworten.

Licht und Raum und Zeit und Gravitation sollten in einer großen Theorie aufgehen, die alle möglichen Vorgänge im Universum auf einmal erklärte. Mit diesem Ziel vor Augen führte Einstein zehn Jahre lang einen einsamen Kampf mit sich selbst, der Mathematik und der Schwerkraft. Er vernachlässigte alles darüber: seine Verpflichtungen als Professor, seine Ehe und sogar seine Kinder.

Die Vollendung der Allgemeinen Relativitätstheorie im Jahr 1915 war Einsteins größter Triumph und eine der größten wissenschaftlichen Entdeckungen des Jahrhunderts. Sie ist auch heute, nach mehr als 100 Jahren, noch nicht erfolgreich widerlegt, erweitert oder abgelöst worden. Im Gegenteil: Ihre Vorhersagen wurden in all den Jahren wieder und wieder bestätigt, wie wir im folgenden Kapitel sehen werden.

Die Spezielle Relativitätstheorie mag in der Luft gelegen haben – doch mit der Allgemeinen Relativitätstheorie hatte absolut niemand gerechnet. Sie war so einzigartig, so elegant und so visionär, dass sie vielleicht nur von Einstein selbst kommen konnte. Ohne ihn hätte die Menschheit womöglich den Zusammenhang von Licht und Raum und Zeit und Schwerkraft erst viel später verstanden oder nur bruchstückhaft – oder auch gar nicht.

6.2. Freundschaftsbeweis

Wenn es eines gibt, das ich im Studium bereue verpasst zu haben, dann ist das eine Vorlesung zur Allgemeinen Relativitätstheorie. Kolleginnen und Kollegen, die mit dieser Theorie vertraut sind, sagen: Sie ist einzigartig und wunderschön, doch die Mathematik dahinter ist mörderisch kompliziert.

Einsteins Allgemeine Relativitätstheorie von 1915 machte ihn nicht nur weltweit bekannt. Der Name Einstein gilt auch ein Jahrhundert später noch als Inbegriff für einen klugen Menschen. Doch wie konnte eine so komplexe Theorie, mit kaum vorstellbaren Konsequenzen und Vorhersagen, einen kauzigen Physiker zum Popstar machen?

Einsteins wissenschaftlicher Triumphzug begann im Jahr 1905, als er unter anderem die Spezielle Relativitätstheorie veröffentlichte. Seine Arbeit bescherte ihm hohes Ansehen und einen steilen Aufstieg innerhalb der Physik – doch abseits davon blieb Einstein ein Niemand. Zudem war Einstein selbst der Ansicht, dass seine Arbeit unvollkommen war: Er wollte die Spezielle Relativitätstheorie um eine neue Erklärung der Schwerkraft erweitern. Es war eine monumentale Aufgabe, die ihn zehn Jahre lang beschäftigte.

Doch als Einstein im Jahr 1915 seine Theorie vollendete, stieß er auf wenig Begeisterung. Denn die Theorie war enorm schwer zu verstehen: Ihre Ideen waren so außergewöhnlich und die zugrunde liegende Mathematik so fortgeschritten, dass selbst erfahrene Physiker ihr nur mit größter Mühe folgen konnten. Zudem präsentierte Einstein seine Arbeit nicht als abgeschlossenes Gesamtwerk, sondern reichte immer wieder Überarbeitungen, Korrekturen und Neufassungen nach, die schwer zu überblicken waren. Alles in allem hielten Einsteins direkte Kollegen – immerhin die hochrangigsten Physiker des Deutschen Reiches – die Relativitätstheorie eher für eine hoffnungslose Spielerei und Ablenkung. Sie duldeten sie, um Einstein in Berlin zu halten.

Zudem hatte Einstein Mühe, international Gehör zu finden: Das Deutsche Reich galt in weiten Teilen der Erde als Aggressor des Ersten Weltkriegs. Selbst im sonst eher zurückhaltenden Wissenschaftsbetrieb hatten zahlreiche deutsche Forscher mit einer nationalistischen Erklärung zu Beginn des Krieges für weltweite Empörung gesorgt. Einstein war zwar Schweizer und lehnte den Krieg offen ab – doch er arbeitete in Berlin mit der deutschen Forschungselite zusammen, weshalb er international als Deutscher wahrgenommen und deshalb ebenso kritisch beäugt wurde.[12]

Zum Durchbruch verhalf Einstein der englische Astronom Arthur Eddington. Er war drei Jahre jünger als Einstein und hatte es 1915 in eine zentrale Position bei der Royal Astronomical Society gebracht. Über Umwege erhielt er Einsteins Veröffentlichung – und war begeistert. Damit war Eddington der vielleicht einzige englischsprachige Wissenschaftler überhaupt, der Einsteins Theorie sowohl verstand als auch mit Wohlwollen aufnahm. Er wurde zu einem der wichtigsten Fürsprecher Einsteins in der Welt. Doch Eddington wollte Einsteins Theorie nicht nur bekannt machen – er wollte sie sogar beweisen.

Wie das gehen könnte, hatte Einstein selbst vorgeschlagen. Die Allgemeine Relativitätstheorie sagte nämlich voraus, dass die Sonne das Licht ferner Sterne ablenkt, indem ihre gewaltige Masse die Raumzeit verbiegt. Dadurch wird das Licht in der Nähe der Sonne auf eine gekrümmte Bahn gezwungen. Schon die alte Schwerkraft-Theorie von Isaac Newton sagte eine solche Ablenkung voraus. Doch die beruhte auf einer falschen Vorstellung von der Natur des Lichts und berücksichtigte nicht die von Einstein beschriebenen Einflüsse der Raumzeit. Laut Einstein müsste die Ablenkung größer sein als von Newtons Theorie vorhergesagt.

So konnte man beide Theorien mit einer Messung gegeneinander antreten lassen. Die Ablenkung fernen Sternlichtes durch die Sonne musste bestimmt werden, indem die

---

[12] Eine packende Schilderung von Einsteins Zeit in Berlin findet sich in: Thomas de Padova: Allein gegen die Schwerkraft, Carl Hanser Verlag 2015, ISBN: 978-3-446-44481-2.

Himmelsposition von Sternen in der Nähe der Sonne vermessen wurde. Anhand des Unterschieds zu ihrer eigentlichen Position am Nachthimmel (ohne den Einfluss der Sonne) ließ sich dann feststellen: War die Ablenkung so klein, wie es Newtons alter Theorie entsprach, oder war sie so groß wie von Einstein vorhergesagt? Doch eine solche Messung war eine extreme Herausforderung, selbst für Arthur Eddington, der zu den am besten mit Geld und Instrumenten ausgestatteten Astronomen der Welt zählte.

Außerdem kämpfte er mit einem grundlegenden Problem: Das Licht der Sonne überstrahlt alle anderen Sterne am Himmel. Wie sollte man die genaue Position von Sternen direkt neben der Sonne bestimmen, wenn doch eigentlich kein einziger Stern tagsüber am Himmel zu sehen ist? Eine solche Messung konnte nur während einer totalen Sonnenfinsternis gelingen. Doch die sind selten, und sie dauern von keinem Standpunkt auf der Welt aus jemals länger als ein paar Minuten.[13] Zudem war die gesuchte Abweichung winzig: die Sterne würden durch die Sonne um etwa ein 3.600stel eines Grads verschoben erscheinen. Das entspricht der Frage, ob ein Auto links oder rechts blinkt – betrachtet aus 200 Kilometern Entfernung.

Schon bevor Einsteins Theorie vollendet war und sich Eddington des Problems annahm, fanden sich Astronomen, die es versuchen wollten. Im Juli 1914 begab sich ein Team aus Berlin mit astronomischen Instrumenten auf die Krim, wo sie die Sonnenfinsternis vom 21. August 1914 beobachten und

---

13 … wenn man nicht gerade in einer Concorde sitzt und ihr hinterherfliegt (Kapitel 1.3.).

Einsteins Vorhersage prüfen wollten. Doch am 1. August erklärte das Deutsche Reich dem Russischen Reich den Krieg – die Astronomen wurden kurzzeitig gefangen genommen und ihre Instrumente beschlagnahmt. Ein schwacher Trost: Die Sonnenfinsternis blieb ohnehin hinter Wolken verborgen.

Rückblickend war dies ein Glücksfall für Einstein. Denn als er 1913 erstmals die Ablenkung des Sternlichts durch die Sonne berechnet hatte, war ihm ein Rechenfehler unterlaufen. Der von ihm vorhergesagte Wert war um die Hälfte zu klein. Wäre die Beobachtung auf der Krim 1914 gelungen, so hätten die Messwerte Einstein widersprochen. Das wäre mindestens eine Enttäuschung, vielleicht sogar eine öffentliche Blamage für Einstein gewesen. Erst mit der Vollendung seiner Theorie errechnete Einstein 1915 den richtigen Wert.

Kurz nach Kriegsende konnte endlich ein neuer Versuch einer Messung unternommen werden, organisiert von Arthur Eddington. Zwei Expeditionen machten sich auf, die Sonnenfinsternis vom 29. Mai 1919 über dem Atlantik zu beobachten. Während Eddington auf der damals portugiesischen Insel Príncipe vor der Küste Zentralafrikas Stellung bezog, standen Kollegen von ihm in Sobral im Nordosten Brasiliens. Der Plan: die während der Finsternis für kurze Zeit sichtbaren Sterne nahe der Sonne zu fotografieren. Doch beide Teams kämpften mit Bewölkung, und zu allem Überfluss hatte die Hitze in Brasilien eines von zwei verfügbaren Teleskopen verbogen.

Trotz allem gelang es, die erhofften Aufnahmen zu machen. Die Auswertung war extrem anspruchsvoll: Auf den Fotoplatten, die während der Sonnenfinsternis belichtet worden waren, machte die gesuchte Abweichung in der Position der Sterne weniger als ein Zehntel eines Millimeters aus. Doch Eddington war entschlossen, die Antwort zu finden, und er hatte die nötige Rückendeckung seines Vorgesetzten Frank Dyson. Ein halbes Jahr später verkündete er: Einstein hatte recht!

Die Nachricht schlug weltweit ein wie sonst keine in der Geschichte der Physik. »Lichter am Himmel schief und krumm«, titelte die New York Times am 10. November 1919: »Sterne stehen nicht dort, wo sie erwartet oder berechnet wurden – doch niemand muss sich sorgen.« Die Nachricht machte Einstein nahezu über Nacht zum Popstar und zum Inbegriff des Genies.

Bis heute halten sich allerdings Zweifel an Eddingtons Ergebnis. Die Qualität der Aufnahmen war nicht einwandfrei und ihre Auswertung nicht eindeutig. Hatte Eddington womöglich nur jene Daten beachtet, die für Einstein sprachen? Als Indiz wird seine Begeisterung für die Theorie angeführt – und für Einstein selbst. Denn beide waren glühende Pazifisten und sahen in ihrer Arbeit auch die Chance, die Welt zu versöhnen. War Eddington von der Vision geblendet, als Brite die von ihm geliebte Theorie eines Forschers aus Deutschland zu beweisen?

In der Fachwelt werden diese Fragen bis heute lebhaft diskutiert. Jüngere Untersuchungen neigen dazu, Arthur Eddington zu entlasten: Eine Neuauswertung der Fotoplatten im Jahr 1979 bestätigte seine Interpretation. Auch soll Eddingtons Vorgesetzter Dyson – der eher ein Skeptiker Einsteins war – die schlussendlich entscheidenden Gewichtungen der Daten vorgenommen haben, die schließlich für Einstein sprachen.

Ich hoffe, dass ich eines Tages selbst die Fertigkeit habe, Einsteins Vorhersage nachzurechnen. Ich stelle es mir großartig vor, mit nichts als einem Bleistift und einem Blatt Papier dieser schönsten aller physikalischen Theorien und einer der berühmtesten Messungen der Astronomie nachzufühlen. Meine Erfahrung aus dem Studium sagt mir: Es kann gut sein, dass mir dabei Rechenfehler unterlaufen. Ich glaube aber, das wäre nicht schlimm – Albert Einstein ging es genauso.

Versteckte Erkenntnisse

Die Allgemeine Relativitätstheorie macht zahlreiche spektakuläre Vorhersagen: große Massen verbiegen das Licht, die Zeit tickt nicht überall gleich, Gravitationswellen erfüllen den Raum, zahlreiche Schwarze Löcher verstecken sich weit draußen im Universum.

Manche dieser Vorhersagen machte schon Einstein selbst. Andere wurden hingegen von weiteren Mathematikerinnen und Physikern gefunden, teilweise erst Jahrzehnte später. Nicht alle Vorhersagen seiner Theorie nahm Einstein für voll: Gravitationswellen, so glaubte er, würde man niemals messen können. Dass Schwarze Löcher real sind, hat er nie geglaubt.

Wie kann das sein? Müsste nicht derjenige, der eine Theorie aufstellt, sie auch am besten kennen? Nicht unbedingt! Denn hier geht es um das tückische Wechselspiel von mathematischer Logik und physikalischer Realität: Nicht alles, was sich aus der Mathematik ergibt, findet sich auch in der Realität wieder. Und nicht alles, was in der Realität passiert, lässt sich mathematisch erfassen.

Mit der entscheidenden Hilfe des Göttinger Mathematikers David Hilbert stellte Einstein die Formeln auf, die seiner Theorie zugrunde liegen. Doch damit war es nicht getan: Die Formeln müssen auch an die Realität angepasst, gelöst und interpretiert werden, wenn sie eine handfeste Vorhersage liefern sollen. Einstein hat sich selbstverständlich intensiv mit seinen Gleichungen befasst – doch er hatte keine Chance, alle erdenklichen Lösungen und Vorhersagen selbst zu finden.

Genauso wenig hätten die Erfinder des Schachspiels alle möglichen Partien voraussehen können oder die ersten Geigenbauer alle Streichkonzerte der Geschichte. Einstein hat das Schachbrett aufgestellt. Doch die packendsten Partien darauf wurden im Laufe der Jahrzehnte von zahllosen weiteren Forscherinnen und Forschern gespielt – und sie spielen bis heute.

Alle Lehrbücher und allgemeinverständlichen Darstellungen der Relativitätstheorie sind voll von kuriosen Gedankenexperimenten. Kein Wunder, denn schon Albert Einstein selbst liebte diese Art, sich solchen komplizierten physikalischen Problemen zu nähern. Da werden Zwillinge jahrelang in Raketen durch das Universum geschickt, Züge mit Fernlicht rauschen mit annähernder Lichtgeschwindigkeit durch die Gegend, und Raumfahrer vergleichen im Vorbeiflug den Gang ihrer Armbanduhren.

Nichts davon lässt sich mit vertretbarem Aufwand in der Realität durchführen. Außer vielleicht, man ersetzt die Raketen durch Flugzeuge, die Raumfahrer durch ehrgeizige Professoren und die Armbanduhren durch kühlschrankgroße Atomuhren auf Rollwagen. Von genau diesem Experiment und seinen erstaunlichen Resultaten berichtet das folgende Kapitel.

6.3. Für 80 Nanosekunden um die Welt

Physikalische Experimente finden für gewöhnlich fernab der Öffentlichkeit in Laboren statt, zu denen nur Eingeweihte Zutritt haben. Ganz anders das berühmte Hafele-Keating-Experiment: Es wurde auf ganz normalen Langstreckenflügen durchgeführt. Auf die übrigen Fluggäste muss dieser Versuch zur Bestätigung der Allgemeinen Relativitätstheorie einen wahrhaft kuriosen Eindruck gemacht haben.

Heute wäre dieses Experiment kaum denkbar. Stellen wir uns nur einmal vor, wir hätten gerade in einem Flugzeug Platz genommen, das uns auf einen anderen Kontinent bringen soll. Plötzlich kämen zwei Herren durch den Gang, die einen Rollwagen voller blinkender Apparaturen und Kabelsalat vor sich her schieben – was wäre da wohl los? Ganz klar: Terroralarm!

Doch das Hafele-Keating-Experiment fand im Jahr 1971 statt, bevor die Luftfahrt von Nacktscannern, Zahnpastatuben in Gefrierbeuteln und ähnlichem Sicherheitstheater heimgesucht wurde. Die Reaktion der übrigen Passagiere stelle ich mir deshalb eher so vor: »Schauen Sie nur! Bestimmt wird hier ein wissenschaftliches Experiment durchgeführt. Wie aufregend! Meinen Sie, diese beiden zerzausten Herren sind echte Professoren? Völlig erschöpft sehen sie aus, die Ärmsten. Sagen Sie, hätten Sie mal Feuer?«

Die beiden übernächtigten Fluggäste waren die US-Physiker Joseph Hafele und Richard Keating, und ihr kühlschrankgroßes Handgepäck bestand aus vier Atomuhren samt Stromversorgung. Für die hatten sie sogar auf jedem der Flüge zwei Sitzplätze reserviert – unter dem Namen »Mr. Clock«. Hafele und Keating unternahmen mit ihren Atomuhren gleich zwei Weltreisen – einmal westwärts um die Welt und einmal ostwärts. Auf jeder drei dreitägigen Reisen gönnten sie sich nicht mehr als drei Stunden Schlaf. Warum bloß?

Die beiden waren davon beseelt, einen endlosen Streit unter Physikern zu beenden. Er drehte sich um das Zwillingsparadoxon, das sich aus der Relativitätstheorie ergibt. Die sagt bekanntlich voraus, dass die Uhren nicht überall im Universum gleich ticken. Ein berühmtes Gedankenexperiment baut auf dieser Erkenntnis auf und fragt: Was wäre, wenn eine von zwei Zwillingen mit einer schnellen Rakete von der Erde weg düste und irgendwann zurückkäme, während die andere am Boden bliebe?

Eine Berechnung ergibt, dass die Raumfahrerin bei ihrer Rückkehr jünger wäre als die Daheimgebliebene – dies ist der Kern des Zwillingsparadoxons. Denn es offenbart sich ein vermeintlicher Widerspruch: Wie kann es sein, dass eine der beiden eindeutig jünger ist? Hat sich nicht die Erde vom Raumschiff entfernt, genauso wie das Raumschiff von der Erde davongeflogen ist? Wenn die Zeit doch relativ ist, wieso macht sie hier einen absoluten Unterschied zwischen den Zwillingen?

Doch das Paradoxon ist nur ein scheinbares. Es stellt kein echtes Problem für die Relativitätstheorie dar. Denn obwohl sich Erde und Raumschiff relativ voneinander entfernen, gibt es einen klaren Unterschied zwischen den beiden: Das Raumschiff kehrt um, und die Erde tut es nicht. In der Sprache der Speziellen Relativitätstheorie ausgedrückt wechselt das Raumschiff sein Bezugssystem – und legt damit fest, dass seine Insassin bei ihrer Rückkehr zur Erde jünger ist als ihre Zwillingsschwester.

All dies war 1971, zur Zeit des Hafele-Keating-Experiments, eigentlich längst bekannt. Die Relativitätstheorie galt als bewiesen, und es gab keinen nennenswerten Zweifel mehr an ihrer Richtigkeit. Doch die Theorie ist so kompliziert, dass immer wieder Debatten darüber aufflammten, wie genau das mathematische Formelwerk mit der physikalischen Realität in Verbindung zu bringen war. So behauptete eine kleine, aber laute Minderheit teils hoch angesehener Physiker mit Blick auf das Zwillingsparadoxon: Die Zwillinge müssten bei der Rückkehr der Rakete zur Erde gleich alt sein, keine der beiden dürfte jünger oder älter sein.

Die große Mehrheit der Forscher glaubte dagegen, dass die Raumfahrerin tatsächlich jünger sein müsste. Doch wie könnte sich dies je beweisen lassen? So schnelle Raketen, wie sie im Zwillingsparadoxon vorkommen, gibt es bis heute nicht – ganz abgesehen davon, dass nur sehr wenige Astronautinnen eine Zwillingsschwester haben. Doch es gab einen Weg, das Problem handhabbar zu machen: Nicht Menschen, sondern sehr genaue Uhren könnten auf Reisen gehen und das nicht mit einer fantastischen Rakete, sondern mit einem ordinären Verkehrsflugzeug.

Diese Idee hatte der Physiker Joseph Hafele Ende der 1960er-Jahre beim Vorbereiten einer Vorlesung über die Relativitätstheorie. Er stellte fest, dass die Reisegeschwindigkeit eines Verkehrsflugzeugs und die Genauigkeit einer transportablen Atomuhr ausreichen müssten, um aus dem Gedankenexperiment einen echten Versuch zu machen – und ein eindeutiges Messergebnis zu erhalten. Eine unwiderstehliche Idee, denn so beenden Physiker einen Streit am liebsten: »Ich hab's gemessen, und die Ergebnisse zeigen, dass ich recht habe!«

Nebenbei würde der Versuch einen herrlich eleganten und handfesten Beleg für die Richtigkeit der Relativitätstheorie liefern. Deren Vorhersage, dass die Zeit in schneller Bewegung langsamer abläuft, war zwar schon in Experimenten mit Elementarteilchen und Atomkernen bewiesen worden. Jedoch, so schrieb Hafele später, »scheint ein Großteil der breiten Öffentlichkeit unwillig zu akzeptieren, dass diese Effekte auch gewöhnliche Uhren, und insbesondere biologische Uhren betreffen.«

Hafele machte sich auf die Suche nach Geldgebern für sein Experiment und fand mit Keating und dessen Kontakten zur Forschungsabteilung der US-Marine den richtigen Partner. Die beiden buchten für 7.000 Dollar – nach heutigem Wert knapp 38.000 Euro – Linienflüge um die Welt und besorgten vier tragbare Atomuhren. Ein Ensemble großer, fest installierter Atomuhren in den USA wurde zum Vergleichsobjekt bestimmt.

Während der Flüge mussten Hafele und Keating immer wieder den Gang ihrer vier Atomuhren protokollieren. Zu ihrem Glück stellten zwei der drei Fluglinien ohne Aufpreis einen Begleiter, was ihnen die Arbeit erleichterte. Die Piloten gaben sogar ihre Navigationsprotokolle für die exakte Berechnung des Flugwegs her – damals wurde guter Service für zahlende Kunden noch großgeschrieben!

Hafele und Keating teilten anhand der Navigationsdaten ihre Flugrouten in insgesamt 233 möglichst gerade Abschnitte ein und ließen den Großcomputer einer Universität die erwartete Zeitabweichung ausrechnen, um sie dann mit dem tatsächlichen Gang der Uhren zu vergleichen. Die Mühe zahlte sich aus: Die Ergebnisse waren nicht nur eine perfekte Bestätigung der Relativitätstheorie, sie bestätigten auch den Standpunkt Hafeles und der meisten seiner Kollegen.

Hafele und Keating konnten sogar zwei separate Effekte nachweisen, die auf unterschiedliche Aspekte der Relativitätstheorie zurückgehen. Schon die Spezielle Relativitätstheorie von 1905 sagte voraus: Auf dem Flug nach Osten müssten die Uhren deutlich langsamer gehen als ihre Gegenstücke am Boden, denn sie flogen der Erddrehung voraus und waren deshalb besonders schnell unterwegs. Nach Westen hingegen würden die Uhren im Flugzeug schneller gehen, denn sie flogen gegen die Erdrotation und waren damit langsamer unterwegs als die Erdoberfläche selbst.

Zugleich machte sich aber auch ein Effekt bemerkbar, den erst die Allgemeine Relativitätstheorie von 1915 beschrieben hatte: nämlich dass Uhren am Erdboden grundsätzlich langsamer laufen als solche, die sich weiter weg von der Erde befinden. Entscheidend dafür ist nicht die Bewegung der Uhr, sondern allein ihre Nähe zu einer großen Masse – wie eben der Masse des Planeten Erde.

Beide Effekte zusammengenommen berechneten Hafele und Keating, dass die Atomuhren nach ihrer dreitätigen

Weltreise in Richtung Osten um 40 Nanosekunden (also 0,00000004 Sekunden) nachgehen müssten. Nach dem Flug westwärts müssten sie dagegen um 275 Nanosekunden vorgehen. Und tatsächlich: Die vier Atomuhren zeigten nach dem Flug ostwärts im Mittel 59 Nanosekunden zu wenig und nach dem Flug westwärts 273 Nanosekunden zu viel. Ein sensationeller Erfolg, sowohl für die beiden umtriebigen Physiker als auch für die Relativitätstheorie.

In zwei knappen, schnörkellosen Artikeln in der Fachzeitschrift »Science« beschrieben Hafele und Keating 1971 ihren Versuch und erklärten zufrieden: Die Debatten um das Uhrenparadoxon dürften nun endgültig beendet sein. Das Hafele-Keating-Experiment wurde seither mehrmals mit weitaus genaueren Uhren wiederholt und seine Ergebnisse bestätigt.

So viel also zu Uhren. Und was ist mit Zwillingen? Nun: Im Jahr 2015 flog der NASA-Astronaut Scott Kelly auf eine außergewöhnlich lange Mission zur Internationalen Raumstation, wo er 340 Tage verbrachte. Er wurde auf diesem Langzeit-Raumflug laufend auf Herz und Nieren untersucht – genau wie sein eineiiger Zwilling Mark Kelly auf der Erde. Die Studie zeigte, dass der menschliche Körper im All zahlreiche Veränderungen durchmacht, darunter Beeinträchtigungen der Sehkraft und eine rätselhafte Aktivierung des Immunsystems. Eines jedoch hatte Scott Kelly dem Daheimgebliebenen voraus, wie er in einem Interview erklärte: Laut Relativitätstheorie war er nämlich im Laufe seines Jahres im All um 13 Millisekunden weniger gealtert als sein Zwillingsbruder.

Beweise über Beweise

Albert Einstein hat die Relativitätstheorie aufgestellt – doch eine schöne Theorie allein hat keinen allzu großen Nutzen. Zahllose Forscherinnen und Forscher haben im Laufe der Jahrzehnte und Jahrhunderte immer wieder die Vorhersagen der Relativitätstheorie in Experimenten bestätigt und sie damit erst zu einer der erfolgreichsten physikalischen Theorien aller Zeiten gemacht.

Eine kleine Auswahl dieser Experimente haben wir kennengelernt: Noch bevor Einstein seine Theorie überhaupt formulierte, stellte Albert Michelson 1889 zur Überraschung der Fachwelt fest, dass die Lichtgeschwindigkeit im Vakuum unveränderlich ist. Im Jahr 1919 lieferte Arthur Eddington mit der Vermessung einer Sonnenfinsternis den Beweis, der Einstein und seine Theorie weltberühmt machte (Kapitel 6.2.).

Mit ihren kuriosen Weltumrundungen erbrachten Hafele und Keating 1971 den wahrscheinlich ulkigsten Beweis der Allgemeinen Relativitätstheorie. Und obwohl die Flugtickets kein Schnäppchen waren, wurde ihr Versuch seinerzeit in einer Fachzeitschrift sogar als die kostengünstigste aller Bestätigungen dieser Theorie bezeichnet.

Die bislang teuerste und aufwändigste, aber auch spektakulärste Bestätigung von Einsteins Theorie gelang jedoch erst im Jahr 2015. Die Rede ist vom Nachweis der Gravitationswellen: Schwingungen der elastischen Raumzeit, die durch die Beschleunigung großer

Massen hervorgerufen werden. Dass es Gravitationswellen geben müsste, war schon kurz nach ihrer Veröffentlichung von 1915 in den Formeln der Allgemeinen Relativitätstheorie entdeckt worden.

Doch Albert Einstein selbst, genau wie Generationen von Forschern nach ihm, hielt diesen Effekt für zu schwach, um ihn jemals nachweisen zu können. Denn die Verzerrungen sind extrem winzig: Selbst die stärksten bekannten Gravitationswellen stauchen den Raum nur so schwach, dass die Distanz zwischen der Erde und dem Mond dadurch für einen Sekundenbruchteil um ein Zehnmilliardstel eines Millimeters kürzer und wieder länger wird.

Eine unvorstellbar kleine Veränderung im Raum – wie sollte die jemals gemessen werden? Die Antwort: Mit jener Apparatur, deren Genauigkeit schon Albert Michelson verblüffte (Kapitel 6.1.). Für insgesamt rund 1 Milliarde Dollar wurden in den USA in einem Projekt namens LIGO zwei gewaltige Interferometer gebaut. Sie bauen auf Michelsons Idee auf, bedienen sich aber vieler Verbesserungen, Kniffe und neuer Technologien, um mit ihren vier Kilometer langen Armen eine gewaltige Empfindlichkeit zu erreichen.

Nach Jahrzehnten der Entwicklung und des Aufbaus war es im September 2015 so weit: Die beiden LIGO-Interferometer fingen erstmals eine Gravitationswelle auf. Das Signal war durch die Verschmelzung zweier Löcher in mehr als einer Milliarde Lichtjahre Entfernung erzeugt worden. Die Messung wies damit nicht nur erstmals Gravitationswellen nach, sondern war auch der erste direkte Beweis für die Existenz Schwarzer Löcher.

Für Albert Einstein wäre das eine doppelte Überraschung gewesen. Denn auch Schwarze Löcher waren von anderen Wissenschaftlern in den Formeln seiner Allgemeinen Relativitätstheorie gefunden worden – ohne dass Einstein selbst sie sich wirklich vorstellen konnte.

Man kann also sagen: Einstein ahnte zeit seines Lebens nicht, wie sehr er mit seiner Theorie recht gehabt hatte. Zum Glück machen sich unzählige seiner Kolleginnen und Kollegen seit mehr als einem Jahrhundert die Mühe, es ihm – und uns allen – zu zeigen.

Kapitel 7

Weltraumforschung auf Umwegen

7.1. Gute Vorsätze fürs neue Jahrhundert

Es liegt in der Natur der Astronomie, dass wir Menschen manche Dinge höchstens einmal im Leben mit eigenen Augen beobachten können. Für mich ist das zum Beispiel der Halleysche Komet, der die Menschheit seit Jahrhunderten fasziniert. Er erschien zuletzt kurz vor meiner Geburt in der Nähe der Erde und wird erst wiederkehren, wenn ich 74 Jahre alt bin.

Einmal hatte ich bereits Pech mit einem sehr seltenen Himmelsereignis: Die totale Sonnenfinsternis in Mitteleuropa von 1999 brachte ich im Stau auf der Autobahn unter einem bewölkten Himmel zu. Ich habe fest vor, eine totale Sonnenfinsternis irgendwann in den kommenden Jahrzehnten woanders auf der Welt zu genießen. Im deutschsprachigen Raum bietet sich erst im Sommer 2081 wieder eine Chance.

Umso wichtiger war es mir vor diesem Hintergrund, dass ich am 6. Juni 2012 um vier Uhr morgens zum Hamburger Planetarium gefahren bin. Hier versammelten sich Dutzende Schaulustige und sogar manche Amateurastronomin mit ihrem Teleskop, um den zweiten und letzten Venustransit des Jahrhunderts zu bestaunen. Ich persönlich war sehr froh, dieses seltene Himmelsspektakel zu verfolgen. Für die Astronomie als Wissenschaft war es sogar der Höhepunkt einer turbulenten Versuchsreihe, die im Jahr 1639 ihren Anfang genommen hatte.

Damals, im frühen 17. Jahrhundert, steckte die Astronomie in einer Zwickmühle. Mithilfe der neu entdeckten Keplerschen Gesetze ließen sich erstmals die Ausmaße des

Sonnensystems berechnen – aber nur in relativen Größen. Man wusste etwa: Der Planet Venus ist der Sonne um ein Viertel näher als die Erde; Saturn ist dagegen zehnmal weiter von der Sonne entfernt. Doch was bedeutete das in konkreten Zahlen? Um wie viele Tausend oder Millionen Kilometer waren die Planeten tatsächlich voneinander entfernt? Das konnte nach dem damaligen Stand der Astronomie niemand beantworten.

Es war, als wären wir in einer fremden Stadt unterwegs und fragten nach dem Weg zu einem Bahnhof. Angenommen, wir bekämen folgende Antwort: »Zum Südbahnhof ist es von hier nur dreimal so weit wie zum Rathaus. Zum Ostbahnhof ist es zwar doppelt so weit, aber der Weg ist schöner. Am schnellsten geht es mit der Straßenbahn, die nächste Haltestelle liegt auf halbem Weg zum Rathaus.« Wir hätten nur noch eine brennende Frage: Wie weit ist es denn nun genau zum Rathaus?!

Im Laufe des 17. Jahrhunderts wurde Astronomen klar, dass ein simples Naturereignis die ersehnte Antwort liefern konnte: ein Venustransit. Dabei steht die Venus genau zwischen Erde und Sonne und zieht als winzige, dunkle Scheibe über die helle Sonnenoberfläche – in etwa so, als würde eine Centmünze langsam über ein riesiges Stadionflutlicht geschoben. Es müsste nur gelingen, an verschiedenen Orten auf der Erde sekundengenau diesen Vorbeizug der Venus vor der Sonne zu vermessen. Dann stünde einer Berechnung des Abstands von der Erde zur Sonne – und allen anderen Planeten! – nichts mehr im Wege.

Die Zeit war reif für dieses Experiment. Denn zu Beginn des 17. Jahrhunderts standen erstmals die Keplerschen

Gesetze als mathematischer Schlüssel zum Sonnensystem zur Verfügung. Außerdem waren gerade die ersten Teleskope entwickelt worden, mit denen sich die Himmelskörper genauer als je zuvor vermessen ließen, darunter auch die Sonne.[14] Ganz im Geiste des alten Eratosthenes (Kapitel 2.1.) würde sich erneut der Horizont der Menschheit erweitern lassen – allein mit cleverer Geometrie und genauem Hinsehen.

Jedoch: Das Timing der Venustransite könnte kaum ungünstiger sein. Denn sie treten stets zweimal hintereinander im Abstand von acht Jahren auf – und dann über 100 Jahre lang gar nicht. Seit die Menschheit das astronomische und mathematische Wissen hat, um einen Venustransit auszuwerten, hat es nur acht davon gegeben: in den Jahren 1631, 1639, 1761, 1769, 1874, 1882, 2004 und 2012.

Den ersten Venustransit im Zeitalter der modernen Astronomie hatte Johannes Kepler für den richtigen Tag des Jahres 1631 vorhergesagt. Er war allerdings in den Metropolen Europas noch vor Sonnenaufgang vorbei, sodass keiner der hier ansässigen Forscher ihn beobachten konnte. In Amerika wäre der Transit hervorragend zu sehen gewesen – doch hier gab es noch keine Teleskope.

---

14 Achtung! Es ist gefährlich, die Sonne mit bloßem Auge und erst recht durch ein Fernglas oder ein Teleskop zu beobachten. Sonnenlicht kann das Auge binnen Minuten verletzen oder sogar dauerhaft beschädigen. Schon im 17. Jahrhundert wurde die Sonne bevorzugt mit ungefährlichen Lochkameras und Projektionen untersucht. Bastelanleitungen für solche Gerätschaften zur sicheren Sonnenbeobachtung bietet unter anderem das Haus der Astronomie in Heidelberg unter www.haus-der-astronomie.de/sonnenfinsternis.

Beim Datum des nächsten Transits im Jahr 1639 hatte sich Kepler dummerweise verrechnet. Nur zwei junge Astronomiebegeisterte aus England, Jeremia Horrocks und William Crabtree, konnten den Vorbeizug der Venus vor der Sonne überhaupt beobachten, weil sie den Fehler kurz zuvor erkannt hatten. Dummerweise fand dieser Transit im November statt, sodass die Sonne in England schon unterging, als die Venus noch mitten auf der Sonnenscheibe stand. Trotzdem konnten Horrocks und Crabtree als erste moderne Astronomen wertvolle Daten über einen Venustransit sammeln.

Sie standen sich jedoch bei der Auswertung ihrer Daten selbst im Weg. Genau wie viele Astronomen ihrer Zeit hingen sie der Vorstellung an, die Eigenschaften der Himmelskörper müssten einer göttlich inspirierten Zahlenmystik folgen. Anstatt konsequent physikalische Daten heranzuziehen, fügten sie das Sonnensystem mit ihren Berechnungen deshalb so zusammen, dass sich »schöne« Zahlenreihen ergaben.

Und dennoch: Trotz aller Widrigkeiten und Fehler kam Jeremia Horrocks' Ergebnis der Wahrheit näher als je zuvor. Die Sonne, so sein Rechenergebnis, war 100 Millionen Kilometer von der Erde entfernt. Das war rund zehnmal weiter, als es dem astronomischen Weltbild des Mittelalters entsprach – welches seinerseits auf dem überlieferten Wissen der Antike beruhte.

Leider starben sowohl Horrocks als auch Crabtree nur wenig später im Alter von 22 bzw. 34 Jahren. Ihre astronomische Revolution geriet dadurch fast vollkommen in Vergessenheit. Erst Ende des 17. Jahrhunderts wurde ihre Arbeit wiederentdeckt und Jeremia Horrocks zum »Vater der britischen Astronomie« erhoben.

Die nächste Chance zur Vermessung des Sonnensystems bei einem Venustransit bot sich in den Jahren 1761 und 1769. Die Bedingungen hatten sich entscheidend verbessert. Im Gegensatz zum vorigen Jahrhundert gab es nun weitaus bessere Teleskope, viel genauere Himmelskataloge und die Newtonschen Gesetze als hochmodernes mathematisches Fundament der Astronomie. Vor allem gab es wesentlich mehr Astronomen! Mehr als 120 von ihnen luden ihre Teleskope auf Pferdekutschen und Segelschiffe und verteilten sich in zahlreichen Expeditionen auf der ganzen Welt, von China über Südafrika bis Kanada.

Doch die Messungen wurden von unerwarteten Problemen heimgesucht. Optische Täuschungen in den Teleskopen gaukelten den Forschern schlauchförmige Schatten zwischen dem hellen Sonnenrand und der dunklen Venusscheibe vor. Außerdem schien der Planet von einem leuchtenden Ring umgeben – der erste Hinweis auf die Atmosphäre der Venus.

Zusammengenommen machten diese Effekte die alles entscheidende Frage unlösbar: Wann genau hatte der Rand der Venus den Rand der Sonne berührt? Verteilt auf verschiedene Kontinente war jede Expedition bei der Auslegung der verwirrenden Bilder im Teleskop auf sich gestellt. Im Nachhinein war es nahezu unmöglich, die händischen Zeichnungen und Notizen zu übereinstimmenden Messwerten zusammenzusetzen. Eindeutige Aufnahmen des Transits hätten das Problem lindern können, doch die Fotografie war noch gar nicht erfunden.

So lieferten die Messungen von 1761 und 1769 zwar viel bessere Ergebnisse als die des vorigen Jahrhunderts – aber die Erwartungen der Astronomen wurden trotzdem enttäuscht.

Ihr Ergebnis von rund 154 Millionen Kilometern für die Entfernung zwischen Erde und Sonne barg eine größere Unsicherheit als erhofft. Tatsächlich weicht es um rund zweieinhalb Prozent nach oben vom heute bekannten Mittelwert ab – und damit um mehr als vier Millionen Kilometer.

Wieder verging ein Jahrhundert, und eine neue Forschergeneration wollte für die Venustransits der Jahre 1874 und 1882 nichts mehr dem Zufall überlassen. Hunderte Astronomen aus etlichen Ländern hatten sich auf 80 Expeditionen vorbereitet. In gemeinsamen Übungen wurden präzise Aufzeichnungen geprobt und die ersten Fotoaufnahmen eines Venustransits überhaupt vorbereitet. Auf eine britische Expedition in den Indischen Ozean wurden gleich 43 Uhren mitgeschickt und anhand des Sonnenstands aufeinander abgestimmt. Auf den Felsen des Kerguelen-Archipels nahe der Antarktis wurden Astronomen mit Vorräten für ein Jahr abgesetzt.

Vergebens: Die Schatten um die Venus blieben ein unüberwindbares Problem. Die Berechnungen ergaben zwar einen weitaus genaueren Wert als im Jahrhundert zuvor, doch sie waren immer noch viel weniger präzise, als die Forscher gehofft hatten. Die Unsicherheit bei der Berechnung der Distanz von der Erde zur Sonne betrug noch immer Hunderttausende Kilometer.

Während des 20. Jahrhunderts fand kein Venustransit statt. Dafür wurde das Jahrhundertproblem der Astronomie auf anderem Wege gelöst: Amerikanischen Astronomen gelang es Ende der 1950er-Jahre mit riesigen Antennen, Radarsignale auszusenden, die von der Venus reflektiert wurden. Mit der Vermessung des Echos gelang die Bestimmung der

Entfernung Erde–Sonne mit rund 149,6 Millionen Kilometern auf 2.000 Kilometer genau. Endlich war der Schlüssel zu sämtlichen Entfernungen im Sonnensystem mit höchster Präzision bekannt. Dank dieser Präzision konnten in den 1960er-Jahren sogar Raumsonden unsere Nachbarplaneten Mars und Venus erkunden.

Und der nächste Venustransit? Der führte immerhin noch zu einem späten Achtungserfolg. Die Europäische Südsternwarte lieferte nach der Vermessung der Transite von 2004 und 2012 ein Ergebnis, das auf unter 12.000 Kilometer genau war. Das war zwar keine wissenschaftliche Neuigkeit, aber Balsam für die Seele der Astronomie. Bis 2117 und 2125 hätte niemand mehr warten mögen.

Kleiner Revolutionsführer

Seit der Geschichte des Eratosthenes (Kapitel 2.1.) wissen wir: Praktisch allen Gelehrten war während der vergangenen zwei Jahrtausende klar, dass die Erde rund sein musste. An eine flache Erde glaubte praktisch niemand.

Doch ein anderer Irrglaube war tatsächlich verbreitet: nämlich, dass die Erde im Zentrum des Universums stünde. Diese Vorstellung wurde erst mit der wissenschaftlichen Revolution ab dem 16. Jahrhundert endgültig überwunden.

Doch wem genau ist diese Revolution zuzuschreiben? Sie wird nach Nikolaus Kopernikus auch die »kopernikanische Wende« genannt. Außerdem gibt es den legendären Ausspruch »Und sie dreht sich doch!« von

Galileo Galilei. Die wichtigsten Akteure werden hier kurz vorgestellt:

Nikolaus Kopernikus (1473–1543) veröffentlichte von seinem Totenbett aus sein Lebenswerk *De revolutionibus orbium coelestium* (*Von den Umlaufbahnen der Himmelskörper*). Erstmals seit der Antike schlug Kopernikus ein Weltbild vor, in dem die übrigen Himmelskörper nicht die Erde umkreisten, sondern die Sonne.

Tycho Brahe (1546–1601) war von Kopernikus' Arbeit inspiriert, auch wenn er dessen Thesen nicht restlos glaubte. Brahe vermaß die Position der Sterne, Planeten und andere Erscheinungen am Himmel mit nie da gewesener Präzision. Seine Arbeit war der Grundstock für die Weiterentwicklung der Astronomie in den folgenden Jahrhunderten.

Johannes Kepler (1571–1630) arbeitete zunächst als Mathematiker als Assistent von Tycho Brahe. Nach dessen Tod veröffentlichte Kepler die Messdaten Brahes in Form der *Rudolfinischen Tafeln* (welche auch die Venustransits von 1631 und 1639 vorhersagten). Seine wichtigste Entdeckung waren die Keplerschen Gesetze: die erste mathematisch korrekte Beschreibung von Umlaufbahnen im Sonnensystem.

Galileo Galilei (1564–1642) beobachtete als einer der ersten Astronomen den Himmel mit einem Teleskop. Viele seiner Entdeckungen widersprachen mittelalterlichen Vorstellungen vom perfekten und unveränderlichen Himmel, darunter wandernde Sonnenflecken, Monde um den Planeten Jupiter und vielfältige Landschaften auf dem Mond. Galileos Beobachtungen machten ihn zum lautstarken Verfechter des Weltbilds von Kopernikus und Kepler. Das machte ihn zum Opfer der Inquisition. Dass er von der Erde sagte: »Und sie bewegt sich doch!« (oder auch: »Und sie dreht sich doch!«), lässt sich jedoch nicht belegen. Es ist wohl nur eine Legende, wenn auch eine gut zitierbare.

Isaac Newton (1643–1727) entwickelte ganz neue mathematische Werkzeuge und benutzte sie für seinen größten Geniestreich: die erste umfassende Theorie der Gravitation. Sie vereinigte zwei Beobachtungen, die zuvor scheinbar nichts miteinander zu tun hatten: wie Dinge auf der Erde zu Boden fallen und wie die Himmelskörper auf Umlaufbahnen umeinander kreisen. Newton lieferte damit auch eine perfekte Erklärung für die Keplerschen Gesetze. Seine Theorie war zwei Jahrhunderte lang die beste Beschreibung der Gravitation, bis sie von Albert Einsteins Relativitätstheorie abgelöst wurde.

Die Newtonschen Gesetze erlaubten auch eine nie zuvor erreichte Genauigkeit bei der Berechnung von Umlaufbahnen im Sonnensystem. Sie ermöglichten damit auch jene Entdeckung, der das nächste Kapitel gewidmet ist.

7.2. Mit dem Bleistift auf Planetenjagd

Heutzutage werden Forschende oft durch Papierkram davon abgehalten, im Labor zu stehen. Ohne Geld und ohne Zugang zu Instrumenten geht in der Regel gar nichts. Daher gehört es zu ihren lästigen Pflichten, potenzielle Geldgeber oder die Wächter wichtiger Forschungsanlagen von den eigenen Ideen und Vorhaben zu überzeugen.

So erging es Mitte der 1840er-Jahre gleich zwei jungen Mathematikern in England und Frankreich – obwohl beide eine astronomische Entdeckung von Weltrang versprachen: den Nachweis eines neuen Planeten im Sonnensystem.

Die inneren Planeten Merkur, Venus und Mars waren bereits in der Antike bekannt, ebenso die äußeren Riesenplaneten Jupiter und Saturn. Im Jahr 1781 entdeckte Wilhelm Herschel als Erster einen ganz neuen Himmelskörper im äußeren Sonnensystem: den Uranus. Bald überprüften Forscher, ob die Bahn von Uranus auch dem entsprach, was die newtonsche Theorie der Schwerkraft voraussagte. Die Vorhersage passte jedoch nicht ganz. Die Umlaufbahn von Uranus zeigte unerklärliche Abweichungen.

Diesem Problem widmeten sich John Couch Adams in England und Urbain Le Verrier in Frankreich gleichzeitig, ohne voneinander zu wissen. Beide waren junge, äußerst talentierte Mathematiker auf dem Spezialgebiet der Himmelsmechanik, aber sie hatten sich noch keinen Namen machen können. Beide vermuteten, es müsse einen weiteren großen Planeten jenseits des Uranus geben. Dessen Schwerkraft könnte Uranus beeinflussen, weshalb seine Bahn von den Vorhersagen abwich. Eine naheliegende Annahme, denn im frühen 19. Jahrhundert wurden laufend neue »Planeten« entdeckt, die wir heute Asteroiden nennen.

Die nötigen Berechnungen waren enorm mühsam und langwierig. Als die beiden Mathematiker später ihre Ergebnisse veröffentlichten, umfasste Le Verriers Arbeit über 250 Seiten, Adams' immerhin gut 30 Seiten. Beide waren zum gleichen Ergebnis gekommen: Ein ähnlich großer Planet wie Uranus müsste deutlich weiter von der Sonne entfernt auf einer elliptischen Umlaufbahn unterwegs sein.

Nun galt es, den neuen Himmelskörper mit dem Teleskop nachzuweisen. Adams und Le Verrier konnten sehr konkrete Vorhersagen zur Himmelsposition, zur Helligkeit und zum Erscheinungsbild des neuen Planeten machen. Sie wandten sich mit diesen Daten an führende Astronomen ihrer jeweiligen Länder – und blitzten ab.

Nicht, dass man ihnen nicht glauben wollte, doch die führenden Astronomen waren eher träge. Warum sollten sie auf die bloße Vorhersage eines jungen Mathematikers hin wertvolle Beobachtungszeit an ihren großen Teleskopen opfern? Die wurden schließlich ständig für andere Untersuchungen gebraucht, und der Erfolg einer Planetenjagd war nicht garantiert.

Der schüchterne Engländer Adams fügte sich still diesem Urteil und trat in dieser Sache kaum noch in Erscheinung. Ganz anders der Franzose Le Verrier. Er beschwerte sich lautstark und forderte Beachtung. Dabei setzte er sich sogar über den damals allgegenwärtigen Nationalismus hinweg: Er übermittelte seine Ergebnisse an die Konkurrenz, indem er eifrig Briefe an zahlreiche Astronomen verschiedener Länder schrieb.

So drang die Kunde von seinen Berechnungen schließlich bis nach England durch – und sorgte für helle Aufregung. Die Astronomen sahen, dass Le Verriers Vorhersage wunderbar mit jener von Adams übereinstimmte, die sie zuvor ignoriert hatten. Sie erkannten die Gefahr, dass andere Länder ihnen bei der Entdeckung dieses neuen Planeten zuvorkommen könnten. Deshalb beauftragten sie das Observatorium der Universität Cambridge mit einer Suche – heimlich, ohne Aufsehen zu erregen.

Nicht ahnend, dass in England bereits eine Suche im Gange war, schrieb Le Verrier auch an Johann Gottfried Galle von der neuen Berliner Sternwarte. Nachdem Galle am 23. September 1846 den Brief gelesen hatte, machte er sich noch in derselben Nacht auf die Suche nach dem neuen Planeten.

Im Gegensatz zu den Briten, die in Cambridge seit Monaten erfolglos den Himmel absuchten, verfügte Galle in Berlin über einen entscheidenden Vorteil: aktuelle Sternenkarten, so neu, dass sie noch nicht einmal veröffentlicht waren. Anstatt wochenlang das Firmament nach einem langsam wandernden Lichtpunkt abzusuchen, musste Galle lediglich den einen finden, der nicht in der Karte verzeichnet war. Nach nur zwei Nächten gezielter Beobachtung hatte Galle den neuen Planeten gefunden, nur ein Grad entfernt von Le Verriers vorhergesagter Himmelsposition.

Die Nachricht verbreitete sich sofort in ganz Europa. Sie löste Bestürzung und Ärger in England aus, wo man die prestigeträchtige Entdeckung knapp verpasst hatte. Es folgte ein nationalistisch aufgeladenes Pressegefecht um die Frage, wer zuerst da gewesen war. Man einigte sich darauf, die

Leistung von Adams und Le Verrier als gleichwertig zu würdigen und dem neuen Planeten den neutralen, mythologischen Namen »Neptun« zu geben, anstatt ihn nach einem der Entdecker zu benennen. Trotzdem werden heute oft Le Verrier und Galle allein als Entdecker Neptuns genannt, der unscheinbare Adams wird eher vergessen.

Mit der Beteiligung Frankreichs, Englands und Deutschlands war es aber noch nicht getan. Als die Nachricht von der Entdeckung Neptuns per Dampfschiff die USA erreichte, stieß sie auf reges Interesse. Die noch jungen Vereinigten Staaten spielten damals kaum eine Rolle auf der wissenschaftlichen Weltbühne. Besonders der Mathematiker Benjamin Peirce von der Harvard-University witterte die Chance, an der Jahrhundertentdeckung teilzuhaben. Forscher des United States Naval Observatory waren nämlich in alten Veröffentlichungen aus Europa auf eine Sensation gestoßen.

Schon 1795, also ein halbes Jahrhundert vor der Entdeckung des Neptun, hatte ein französischer Astronom einen »Stern« beschrieben, der zweifellos Neptun gewesen sein musste.[15] Mit dieser Information konnten die US-Forscher die Umlaufbahn des Neptun viel genauer berechnen als alle anderen. Sie kamen zu einem Ergebnis, das deutlich von Le Verriers und Adams' abwich.

Peirce verkündete daraufhin in aller Welt: Das United States Naval Observatory hatte die wahre Umlaufbahn des Neptun berechnet, Le Verriers und Adams' Vorhersagen waren falsch gewesen. Die Entdeckung Neptuns durch Galle in

---

15 In der Astronomie heißt eine solche nachträgliche Entdeckung in älteren Aufzeichnungen »precovery«: ein Wortspiel aus »pre-« (vor-) und »discovery« (Entdeckung).

Berlin sei bestenfalls ein »glücklicher Zufall« gewesen. Einige von Peirces Kollegen waren über diesen scharfen Ton erschüttert und sorgten sich um den wissenschaftlichen Ruf ihres Landes, doch der Schaden war bereits angerichtet.

Peirces Verkündigung löste in Europa einhellige Entrüstung und Spott aus. Bei allem nationalistischen Gezänk untereinander waren sich die Forscher Europas einig, dass sie sich aus den USA schon gar nichts sagen ließen. Doch der Hohn konnte nicht darüber hinwegtäuschen, dass die Kritik berechtigt war. Die in den USA ermittelte Neptunbahn stimmte viel besser mit den Beobachtungen überein als die in Frankreich und England berechneten.

Der Grund: Le Verrier und Adams waren unabhängig voneinander dem gleichen Irrtum aufgesessen. Auf der Suche nach Anhaltspunkten zum hypothetischen neuen Planeten hatten sie sich des »Titius-Bode-Gesetzes« bedient. Trotz des hochtrabenden Namens ist diese seit dem 18. Jahrhundert populäre astronomische Faustregel mehr eine abergläubische Zahlenspielerei als ein Naturgesetz.

Das Titius-Bode-Gesetz beschreibt die Abstände der Planeten von der Sonne anhand einer simplen aber unerklärten, ja geradezu gottgegebenen Rechenregel. In den 1840er-Jahren hatte es einen hohen Stellenwert: Denn sowohl der 1781 gefundene Planet Uranus als auch die 1801 entdeckte Ceres (heute ein Zwergplanet) passten perfekt in die Reihe. Le Verrier und Adams stützten sich bei der Berechnung von Neptuns Umlaufbahn deshalb auf das vermeintliche Gesetz. Doch die US-Astronomen wussten es besser: Sie hatten aussagekräftige historische Daten und ließen sich nicht vom Titius-Bode-Gesetz blenden.

So erkannten sie: Anders als von den Europäern berechnet, war Neptuns Umlaufbahn tatsächlich um etwa ein Viertel näher an der Sonne und nahezu kreisförmig. Mit der Zeit musste der Rest der Welt zähneknirschend anerkennen, dass die US-Astronomen recht hatten. Es war der erste große Auftritt der USA auf der astronomischen Weltbühne und der Beginn eines raschen Aufstiegs.[16]

Für mich zeigt die Geschichte von der Entdeckung Neptuns zweierlei, das damals wie heute die Wissenschaft kennzeichnet. Erstens: Konkurrenz belebt das Geschäft. Eine Entdeckung vor allen anderen zu machen, ist immer noch ein starker Ansporn – und heutzutage erfreulicherweise nur noch selten von Nationalismus motiviert. Und zweitens eine Grundregel, die bis heute schon so mancher ehrgeizigen Forscherin genützt hat: Wenn ein Antrag abgelehnt wird, kann man es ruhig woanders noch mal probieren.

---

16 Clyde Tombaugh entdeckte 1930 als erster und bislang einziger US-Astronom einen Planeten: Pluto. Als der 2006 von der Internationalen Astronomischen Union wieder von der Liste der Planeten gestrichen wurde, führte das besonders in den USA zu Entrüstung.

Vulkan, der Phantomplanet

Wenn vom »Planeten Vulkan« die Rede ist, denken viele sicherlich an den fiktiven Heimatplaneten des Wissenschaftsoffiziers[17] Spock auf dem Raumschiff USS *Enterprise*. Doch als *Star Trek* erfunden wurde, war dieser Name schon über 100 Jahre alt. Denn eine Zeit lang glaubten im 19. Jahrhundert viele Wissenschaftler, es gäbe einen »Planeten Vulkan« in unserem eigenen Sonnensystem.

Der Urheber dieser Idee war Urbain Le Verrier – der Entdecker des Neptun. Nach seinem Jahrhunderterfolg dachte er sich: Was einmal geklappt hatte, könnte auch ein zweites Mal gelingen. Der Ausnahmemathematiker widmete sich deshalb 1859 – dreizehn Jahre nach der Entdeckung des Neptun – mit seinen bewährten Rechenmethoden der Umlaufbahn des Merkur.

Merkurs Bahn durch das Sonnensystem zeigte nämlich eine winzige, unerklärliche Abweichung von den mathematischen Vorhersagen. Le Verriers naheliegender Lösungsvorschlag: ein noch unentdeckter Planet störte Merkurs Umlaufbahn. Er wählte den Namen des römischen Feuergottes Vulkan für diesen Planeten, da er der Sonne noch näher sein sollte als Merkur.

Nach Le Verriers Erfolgsrezept fehlte nur noch eines: die Entdeckung des vorgeschlagenen Planeten mit dem Teleskop. Doch die Suche war diesmal weitaus schwieriger. Denn ein Planet in einer engen

---

17 … und Erster Offizier, und später auch Captain, Ausbilder, Botschafter, … Bitte keine erzürnten Briefe, liebe Trekkies: Ich bin im Bilde!

Umlaufbahn um die Sonne müsste auch am Himmel stets nah an der Sonne stehen. Die Suche konzentrierte sich deshalb auf mögliche Vulkantransits und Beobachtungen während Sonnenfinsternissen.

Und sie schien erfolgreich: Immer wieder wurden Sichtungen des gesuchten Planeten vermeldet. Sie schienen jedoch Zufallstreffer zu sein und ließen sich nie gezielt überprüfen. Es war nie ganz ausgeschlossen, dass die vermeintlichen Entdecker bloß von Sonnenflecken oder gewöhnlichen Sternen in der Nähe der Sonne getäuscht worden waren. Immer wieder flaute die Suche nach Vulkan zeitweise ab, bevor sie mit großem Eifer wieder aufgenommen wurde.

Als Urbain Le Verrier im Jahr 1877 starb, schien Vulkans Existenz wieder einmal nahezu sicher. Mehrere Berichte von Sichtungen innerhalb kurzer Zeit schienen Vulkans Existenz zu beweisen. Der Höhepunkt war eine große Sonnenfinsternis über Nordamerika im Sommer 1878. Mehrere astronomische Teams reisten eigens nach Wyoming, um Vulkan ein für alle Mal aufzuspüren.

Und tatsächlich: Der prominente Astronom James Craig Watson verkündete triumphierend, Vulkan während der Finsternis gesehen zu haben. Doch er war mit dieser vermeintlichen Entdeckung allein unter seinen zahlreichen Kollegen. In einem erbitterten Streit warfen ihm andere Astronomen in den folgenden Jahren vor, er habe bloß zwei altbekannte Sterne mit dem gesuchten Planeten Vulkan verwechselt.

Als Watson im Jahr 1880 plötzlich an einer Infektion verstarb, schien mit ihm der letzte Fürsprecher Vulkans zu verstummen. Wie aus einem schlechten Traum erwacht ließ die astronomische Gemeinschaft das Thema peinlich berührt unter den Tisch fallen. Die Idee des Planeten Vulkan war gestorben.

Merkurs sonderbare Umlaufbahn blieb bis ins folgende Jahrhundert ein Rätsel. Erst 1915 fand Albert Einstein die Lösung. Er hatte in mühevoller Kleinarbeit die Umlaufbahn des Merkur berechnet, wie Urbain Le Verrier ein halbes Jahrhundert vor ihm. Anders als sein Vorgänger hatte Einstein jedoch nicht die Theorie der Schwerkraft Isaac Newtons angewandt, sondern seine Allgemeine Relativitätstheorie.

Das Resultat: Es brauchte keinen unentdeckten Planeten, um die seltsame Bewegung des Merkur zu erklären. Vielmehr war die Verzerrung der Raumzeit durch die riesige Masse der Sonne verantwortlich für die zuvor unerklärliche Abweichung. Diese schlüssige Lösung des Merkur-Rätsels war, neben Eddingtons Sonnenfinsternis-Beweis (Kapitel 6.2.), der wichtigste frühe Triumph der Allgemeinen Relativitätstheorie.

Und das endgültige Aus für den Planeten Vulkan.

Ganz gleich wie viele Planeten wir Menschen im Laufe der Jahrhunderte auch zählten: Die Venus gehörte immer dazu, als wunderschöner Morgen- oder Abendstern.

Doch die Realität auf der Venus ist alles andere als rosig. Eine brütend heiße Hochdruckhölle erwartet jede Raumsonde, die hier eine Landung wagt. Das folgende Kapitel erzählt von denen, die es trotzdem versucht haben.

7.3. Die Raumsonde, die ihre Klappe hielt

In meinem Arbeitszimmer hängen vier bedruckte Leinwände, die mir viel bedeuten. Sie zeigen Fotos von staubigen Landschaften voll verstreutem Geröll. Es sind die Oberflächen jener Planeten und Monde, auf denen die Menschheit bislang erfolgreich Sonden abgesetzt hat: unserem Mond, der Venus, dem Mars sowie dem Saturnmond Titan.

Als ich die Bilder in einem Fotoladen in meiner Nachbarschaft drucken ließ, war der Betreiber aufrichtig empört von der minderen Qualität der Venusaufnahme. Sie sei viel zu schlecht, um sie einen halben Meter groß auf eine Leinwand zu drucken! Auf meine Erklärung hin sah er allerdings ein: Dieses erste Foto, das jemals auf einem fremden Planeten entstand, existiert nicht in besserer Ausführung – und eine Beschwerde beim sowjetischen Raumfahrtprogramm wäre zwecklos.

Doch die Aufnahme erzählt auch eine Geschichte. Es ist die Geschichte eines der schwierigsten Experimente aller Zeiten und dem unbändigen Willen, sich von Rückschlägen nicht kleinkriegen zu lassen. Sie spielt zum großen Teil zu einer Zeit, als der »Wettlauf ins All« zwischen den USA und der Sowjetunion entschieden schien. Die Sowjetunion hatte den ersten Satelliten und den ersten Menschen ins All gebracht, doch nur den USA war es gelungen, Menschen auf den Mond zu bringen.

Dennoch lieferten sich die beiden Supermächte auch danach einen Zweikampf um die Erkundung fremder Himmelskörper. Dabei ergab sich eine kuriose und unfreiwillige Aufteilung des Sonnensystems zwischen den USA und der UdSSR.

Der NASA gelangen zahlreiche Vorbeiflüge und schließlich auch ab 1976 Landungen auf dem Mars. Sowjetische Flüge zum Mars erlitten dagegen nach einem frühen Achtungserfolg nichts als Fehlschläge. Dafür wurde die Venus zum bevorzugten Ziel der Sowjets. Sie schickten Dutzende von Raumsonden dorthin; das Programm hieß »Venera«, nach dem russischen Namen für die Venus (»Венера«).

Es ist grundsätzlich schwierig, eine Sonde auf einem fremden Himmelskörper landen zu lassen. Doch auf der Venus herrschen zudem noch wahrhaft höllische Bedingungen. Die Temperatur an der Oberfläche beträgt über 450 Grad Celsius. Die Luft steht dort unter einem Druck von 90 bar – so viel wie auf der Erde nur unter dem Meer herrscht, in fast einem Kilometer Tiefe.

Landesonden droht binnen Minuten der Hitzetod oder das Zerdrücktwerden, wie man es aus U-Boot-Filmen kennt. Zudem tragen die Hunderte Kilometer pro Stunde schnellen Winde in der Atmosphäre einen Regen aus Schwefelsäure mit sich, der empfindliche Geräte angreifen kann. Glück im Unglück: Der Schwefelsäure-Regen erreich nicht die Oberfläche der Venus, weil er aufgrund der Hitze vorher verdampft.

Anfangs erlebte auch das sowjetische Raumfahrtprogramm bei der Erkundung der Venus einige Rückschläge. Denn die extremen Bedingungen auf unserem Nachbarplaneten waren anfangs noch gar nicht bekannt. Die Venus war zuvor nur aus der Ferne beobachtet worden. Selbst erfahrene Planetenforscher hatten sich den mörderischen Druck und die Temperaturen auf unserem Nachbarplaneten kaum vorstellen können – bis die ersten Raumsonden sie mit eigenen Sensoren erlebten und an die Erde meldeten.

Nach einigen fehlgeschlagenen Raketenstarts und im All verlorenen Sonden erreichten *Venera 3* (1966) und *Venera 4* (1967) als erste Landesonden den Planeten. Doch sie konnten nicht wie geplant landen. Keine der beiden Sonden überlebte den Flug durch die Atmosphäre; beide schlugen wahrscheinlich funktionsuntüchtig auf der Oberfläche ein. Immerhin lieferte *Venera 4* vor ihrem Versagen noch wertvolle Daten über die Venusatmosphäre. *Venera 5* und *6*, die im Mai 1969 an aufeinanderfolgenden Tagen die Venus erreichten, unternahmen keine Landung. Dafür analysierten sie die extreme Lufthülle der Venus noch genauer.

Mit *Venera 7* (1970) und *Venera 8* (1972) gelangen endlich die ersten Landungen. Trotz ihrer massiven Konstruktion überlebten die Sonden jeweils nur rund 50 Minuten auf der Venusoberfläche. Zwar trug keine der beiden Sonden eine Kamera, doch *Venera 8* verfügte über einen Lichtsensor, der zur Erde meldete: Selbst unter der kilometerdicken Wolkendecke herrscht in etwa die Helligkeit eines bedeckten Tages auf der Erde.

Somit waren die Voraussetzungen für die heiß ersehnten ersten Fotos von der Oberfläche eines fremden Planeten gegeben. Die Zwillingssonden *Venera 9* und *10* von 1975 verfügten erstmals über Kameras; sie sollten Schwarz-Weiß-Bilder aufnehmen und zur Erde funken. Jede Sonde verfügte über zwei Linsen mit einem Blickfeld von je 180 Grad. So sollte von beiden Landestellen je ein vollständiges Panorama aufgenommen werden.

Doch den Sonden widerfuhr ein Missgeschick, das jede Fotografin nur zu gut kennt: Im entscheidenden Moment war die Objektivklappe noch vor der Linse. An beiden

Sonden versagte jeweils eine der beiden automatischen Klappen, vermutlich wegen des hohen Drucks. So wurde jeweils nur ein halbes Panorama aufgenommen.

Dennoch waren die Schwarz-Weiß-Bilder von sandigen Landschaften voll verstreuter Steine die ersten Bilder von der Oberfläche eines fremden Planeten. Der Vorsprung vor den USA war knapp: *Venera 9* übertrug seine ersten Bilder von der Venusoberfläche im Oktober 1975. Nur ein Dreivierteljahr später, im Juli 1976, empfing die NASA von ihrem Landeroboter *Viking 1* die ersten Fotos von der Oberfläche des Mars.

Vom Erfolg angespornt schickte das sowjetische Raumfahrtprogramm 1978 die Zwillingssonden *Venera 11* und *12* zur Venus. Sie waren noch robuster konstruiert und verfügten über neue Kameras mit überarbeiteten Objektivklappen. Sie sollten diesmal sogar farbige Panoramabilder zur Erde übertragen. Doch leider erreichte die Neukonstruktion der Klappen das Gegenteil: Der Mechanismus versagte bei allen vier Linsen. Keine der beiden Sonden konnte auch nur ein einziges Bild machen.

Die letzten Landeroboter des Venera-Programms – und damit die letzte Chance auf Farbfotos von der Venusoberfläche – waren die Zwillingssonden *Venera 13* und *14*. Sie erreichten die Venus im März 1982, abermals mit Farbkameras ausgestattet. Beide Sonden überstanden den Flug und die Landung; *Venera 13* überlebte auf der Venusoberfläche zwei Stunden lang, ihre Schwestersonde immerhin knapp eine Stunde. Endlich ging alles gut: Alle Objektivklappen öffneten sich planmäßig, und die Farbbilder konnten langsam, Zeile für Zeile, per Funk zurück zur Erde übertragen werden.

Es war ein sehr hart erarbeiteter Triumph: Bis heute sind die beiden schwarz-weißen Halb-Panoramen von *Venera 9* und *10* sowie die farbigen Rundumblicke von *Venera 13* und *14* unsere einzigen Bilder, die auf der Oberfläche der Venus entstanden. Und wie sieht sie nun aus? Schwer zu sagen: Die Bilder entstanden bei schlechtem Licht unter den kilometerdicken Wolken der Venus, deren Schwefelsäure einen fremdartigen Farbeindruck hervorruft. Die wahrscheinlichste Interpretation der zur Erde gefunkten Daten ist: Der Sand und das Geröll sind rotbraun, erscheinen aber unter den Wolken in einem gespenstisch-blassen Gelbgrau.

War dem sowjetischen Raumfahrtprogramm mit den Zwillingssonden *Venera 13* und *14* also die rundum perfekte Mission gelungen? Nicht ganz. Zu den Instrumenten von *Venera 13* und *14* gehörte jeweils ein Arm, der die Druckfestigkeit des Bodens messen sollte. An *Venera 13* funktionierte er, doch der Arm von *Venera 14* landete nicht wie geplant auf der Oberfläche des Planeten. Er maß stattdessen die Festigkeit der heruntergefallenen Objektivklappe.

> ### Fremde Landschaften des Sonnensystems
>
> Zu den kleinsten kartierten Himmelskörpern des Sonnensystems zählen die Asteroiden 25143 Itokawa und 162173 Ryugu. Jeder der beiden hatten einige Monate lang Besuch von einer japanischen Raumsonde, nämlich *Hayabusa* (はやぶさ, Japanisch für »Wanderfalke«) bzw. *Hayabusa2*. Ihre Oberflächen bestehen praktisch vollständig aus Geröll, mit vielen kleinen und wenigen großen Brocken.

Beide Himmelskörper sind winzig. Ryugu hat eine Oberfläche von rund 2,7 Quadratkilometern und damit um ein Drittel weniger als Helgoland. Itokawas Oberfläche misst sogar nur knapp 0,4 Quadratkilometer – und ist damit ein Stückchen kleiner als die Theresienwiese in München.

Der größte Körper im Asteroidengürtel ist der Zwergplanet Ceres. Mit rund 2,8 Millionen Quadratkilometern ist seine Oberfläche etwa so groß wie die Landfläche von Argentinien oder Indien. Die NASA-Raumsonde *Dawn* kartierte Ceres von 2015 bis 2018 so genau, dass nahezu jeder Krater und Felsbrocken von mehr als ein paar Hundert Metern Durchmesser erfasst wurde.

Noch deutlich größer als Ceres ist unser eigener Mond. Die bis heute aktive Raumsonde *Lunar Reconnaissance Orbiter* machte Aufnahmen der gesamten Mondoberfläche – so groß wie Nord- und Südamerika zusammen – mit ebenso großer Genauigkeit. Einige besondere Orte auf dem Mond, wie prominente Krater oder Landestellen, wurden sogar noch detaillierter erfasst: Auf diesen Bildern sind sogar die Trampelpfade und Gerätschaften zu erkennen, die Astronauten dort vor über 50 Jahren hinterließen.

Der Planet Mars ist zwar deutlich kleiner als die Erde, doch er hat keine Ozeane. Damit ist die Oberfläche des Mars fast genauso groß wie die Landfläche, die auf unserer Erde nicht von Wasser bedeckt ist. Auch der Mars ist inzwischen von zahlreichen Sonden vermessen und kartiert worden. Dabei wurden alle

Landschaftsmerkmale erfasst, die – wie die NASA selbst erklärt – mindestens die Ausmaße eines Tennisplatzes haben. Dazu gehören zum Beispiel zahlreiche Krater, ausgetrocknete Flussbetten, erloschene Vulkane und Sanddünen. Tennisplätze wurden hingegen keine gefunden.

Und die Venus? Sie ist genauso groß wie die Erde, doch auch sie hat keine Ozeane. Das bedeutet, dass die Venus eine dreimal so große Landfläche hat wie unser eigener Planet. Wegen der undurchsichtigen Wolkendecke ist es jedoch nicht möglich, die Venus genauso zu kartieren wie andere Himmelskörper des Sonnensystems.

Die NASA-Raumsonde *Magellan* kartierte in den 1990er-Jahren die Venusoberfläche mit Radarwellen, welche die Wolken durchdringen können. Die Karten zeigen Oberflächenmerkmale, die Ausmaße von ein paar Hundert Metern oder mehr haben. *Magellan* entdeckte fremdartige, zerfurchte und aufgeschobene Landschaften, die wahrscheinlich durch Vulkanismus geprägt wurden. Auf den höchsten Bergen der Venus wurde sogar eine Art Schnee entdeckt. Er besteht wahrscheinlich aus Metall, das in tiefer liegenden Gebieten aufgrund der extremen Temperaturen gasförmig ist.

Doch bei aller Präzision und allen spannenden Erkenntnissen: Diese Aufnahmen der Venus-Oberfläche sind eben keine Fotos. Echte fotografische Aufnahmen haben wir nur von ein paar Quadratmetern, rund um die Landeplätze der Sonden *Venera 9, 10, 13* und *14*. Darüber hinaus wartet eine ganze Welt noch darauf, entdeckt zu werden – dreimal so groß wie alles Land der Erde. Wenn das kein Ansporn ist, unseren Schwesterplaneten näher kennenzulernen!

Kapitel 8

Auf den zweiten Blick

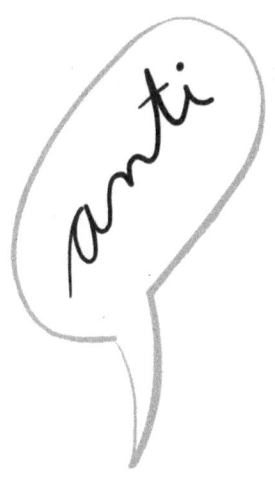
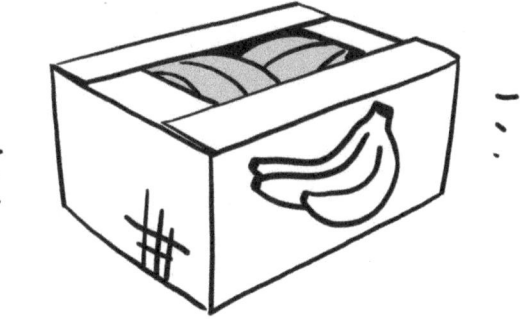

8.1. Die nackte Wahrheit

Wenn ich auf der Suche nach einem zündenden Einfall für meine Artikel oder Bücher bin, hilft mir besonders eine schöne Ablenkung wie etwa ein Frühstück im Café oder eine Runde auf dem Fahrrad. Es hilft der Kreativität, den Kopf freizukriegen; davon zeugt auch die Binsenweisheit, dass man angeblich die besten Ideen unter der Dusche hat.

Sogar dem berühmten griechischen Naturforscher Archimedes soll es so gegangen sein. Einer bekannten Legende nach hatte er einen entscheidenden Geistesblitz beim Baden und war so begeistert, dass er nackt durch die Stadt lief, um seinem Auftraggeber zu berichten. Reich ausgeschmückt hat diese Legende die Jahrtausende überdauert. Ob sie überhaupt einen wahren Kern hat, lässt sich heute unmöglich feststellen. Doch die Physik dahinter ist universell, und die kreativen Problemlösungen, die Archimedes zugeschrieben werden, sind eine wahre Freude.

Die Legende spielt in Archimedes' Heimatstadt Syrakus, damals ein griechischer Stadtstaat auf der Insel Sizilien. Archimedes' Lebenszeit fällt in die Herrschaft des Königs Hieron II. im 3. Jahrhundert vor Christus. Damals wurde Sizilien von den Punischen Kriegen zwischen Rom und Karthago erschüttert. Hieron II. konnte während dieser Kriege Syrakus' Unabhängigkeit weitgehend bewahren.

Zahlreiche Erfindungen, die zum Reichtum und zur Verteidigung der Stadt beitrugen, werden Archimedes' Arbeit als Wissenschaftler am königlichen Hof zugeschrieben. So soll er etwa mithilfe von Spiegeln das Sonnenlicht auf angreifende Schiffe gelenkt haben, sodass diese Feuer fingen. Das ist jedoch mit großer Sicherheit nur ein Mythos. Es ist praktisch ausgeschlossen, dass die damalige Technik es erlaubte, ausreichend viele und ausreichend große Spiegel mit der nötigen Genauigkeit auf weit entfernte Schiffe auszurichten.

Die Legende mit der Badewanne ist schon weitaus glaubhafter. Ihr zufolge sollte Archimedes für den König die Echtheit einer goldenen Krone prüfen. König Hieron II. hatte einem Goldschmied ein Stück Gold überlassen, aus dem dieser die Krone anfertigen sollte. Tatsächlich bekam er eine Goldkrone geliefert, die dasselbe Gewicht wie das ursprüngliche Goldstück hatte. Doch der König war misstrauisch: Was, wenn der Schmied etwas von dem Gold abgezweigt und der Krone stattdessen Silber beigemischt hatte?

Archimedes sollte diesem Verdacht nachgehen – jedoch ohne die Krone zu beschädigen. Denn würde die Krone zur Untersuchung beispielsweise eingeschmolzen, aber der Vorwurf stellte als unbegründet heraus, so wäre die ehrliche Arbeit des Goldschmieds umsonst gewesen und der König blamiert. Heute trägt diese Art der Untersuchung den vornehmen Namen »zerstörungsfreie Materialprüfung«.

Archimedes' Geistesblitz bestand darin, sich die verschiedene Dichte der fraglichen Metalle zunutze zu machen. Der Unterschied ist beträchtlich. Eine Silbermünze wiegt nur etwa halb so viel wie eine Goldmünze derselben Größe. Das bedeutet auch: Ein Stück Silber ist fast doppelt so groß wie ein Stück Gold gleichen Gewichts. Daran kann auch ein geschickter Schmied nichts ändern!

Sollte der Goldschmied also einen Teil des Goldes durch Silber ersetzt haben, so wäre die Krone dadurch aufgebläht: Ihr Volumen wäre größer als das des ursprünglichen

Goldstücks. Doch das Volumen eines Stückes Metall genau zu bestimmen, ist knifflig, wenn es nicht gerade die Form eines Quaders oder einer perfekten Kugel hat. Bei einer kunstvoll gearbeiteten Krone wäre eine solche Vermessung aussichtslos.

Hier soll nun der Legende nach Archimedes' Eingebung in der Badewanne ins Spiel gekommen sein: Beim Einsteigen in die Badewanne fiel ihm auf, dass die Wanne überläuft, weil sein Körper Wasser verdrängt. Er erkannte, das könnte er auch mit der Krone und einem gleich schweren Goldstück machen. Er rief »Heureka!« – »Ich hab's!« – und lief nackt zum Palast, um seinem Auftraggeber zu berichten.

So sehr Archimedes' Auftritt den König auch irritiert haben dürfte: Am Ende war der Herrscher ihm dankbar, denn mit der vorgeschlagenen Methode konnte der Goldschmied tatsächlich des Betrugs überführt werden. Archimedes tauchte abwechselnd die Krone und ein genauso schweres Stück echten Goldes in ein Wasserbecken und fand heraus: Die Krone verdrängte mehr Wasser als das Goldstück. Sie hatte folglich ein größeres Volumen, ein Beweis dafür, dass ihr ein unedleres Metall beigemischt war.

Die Geschichte hat jedoch einen Haken. Selbst wenn die Krone stolze vier Kilogramm gewogen hätte, so hätte sie wegen der hohen spezifischen Dichte von Gold nur gut 200 Milliliter Wasser verdrängt. Und auch wenn der Betrug so dreist gewesen wäre, dass ein halbes Kilogramm Gold durch Silber ersetzt wurde, so wäre das Volumen der Krone nur um sechs Prozent aufgebläht. Das bedeutet, dass die Krone nur 12,5 Milliliter mehr verdrängt hätte als das Goldstück, ein Unterschied, der mit den Mitteln der Antike sehr schwierig nachzuweisen wäre.

Geschlagene 1800 Jahre nach Archimedes beschäftigte sich ein anderes Schwergewicht der Wissenschaft mit genau dieser Frage: nämlich Galileo Galilei. Er verfasste 1586 seine kurze Abhandlung *La Bilancetta* (»Die kleine Waage«), die sich um Archimedes dreht. Aus seiner Bewunderung für den antiken Kollegen machte Galilei keinen Hehl: »Es wird klar, wie sehr alle anderen Intellekte dem des Archimedes unterlegen sind und wie wenig Hoffnung für jeden bestünde, der größere Entdeckungen als er machen wollte«, schwärmte er.

Galileis Kritik an der Legende von der Badewanne und der Goldkrone: Die Methode mit dem überlaufenden Wasserbecken war nicht geeignet, das exakte Mischungsverhältnis von Gold und Silber zu bestimmen. Sie hätte also den Betrug aufdecken können – aber nicht, wie groß er tatsächlich war. Zudem nutzte die Messmethode aus der Legende nicht das Prinzip der Auftriebskraft, welches Archimedes selbst entdeckt hatte.

Dieses »archimedische Prinzip« besagt: Jeder Gegenstand erfährt in einem Medium wie Wasser eine Auftriebskraft. Diese Kraft ist genauso groß wie das Gewicht des Wassers, welches der Gegenstand verdrängt. Das Prinzip erklärt, warum Schiffe schwimmen können: Ihr wasserdichter Rumpf sinkt ein, bis er eine so große Menge Wasser verdrängt, dass ihr Gewicht dem Gewicht des Schiffes entspricht. Die Auftriebskraft hält das Schiff dann in Waage, und es schwimmt auf dem Wasser.

Auf dieser Grundlage beschrieb Galilei jene Methode, die Archimedes seiner Meinung nach wirklich benutzt hatte. Vereinfacht gesagt werden dabei die Krone und ein genauso schweres Stück reinen Goldes auf eine Waage gelegt. Die

Waage ist dann im Gleichgewicht, denn beide Teile wiegen dasselbe.

Dann allerdings wird die Waage in Wasser eingetaucht. Nun zeigt sich, ob Goldstück und Krone nicht nur das gleiche Gewicht, sondern auch das gleiche Volumen haben. Denn die Auftriebskraft, welche die Metallstücke erfahren, hängt von ihrem Volumen ab. Sollte die Krone mit Silber vermischt sein, so würde sie unweigerlich mehr Wasser verdrängen als das Goldstück. Die Waagschale mit der betrügerischen Krone würde sich also im Wasser deutlich anheben – und der Goldschmied wäre überführt.

Selbst in heutigen Schulbüchern findet sich die Geschichte von Archimedes und der Goldkrone mal auf die eine, mal auf die andere Weise erzählt – und das, obwohl Galilei die Sache in meinen Augen schon im 16. Jahrhundert mit überzeugenden Argumenten entschieden hat. Es zeigt sich jedenfalls: In der Wissenschaft kann sogar ein über vier Jahrhunderte altes Argument zu einem über zwei Jahrtausende alten Experiment noch wertvolle Einsichten liefern.

Auftrieb in Luft

Die Auftriebskraft wirkt nicht nur in Wasser, wo sie Schiffe schwimmen lässt und dafür sorgt, dass die Eiswürfel in der Limonade stets oben im Glas herumklimpern.

Es gibt auch Auftrieb in der Luft – doch wir bemerken ihn viel seltener. Das liegt daran, dass die Luft ziemlich leicht ist, sodass wir es selten mit noch leichteren Stoffen zu tun haben.

Bekannte Beispiele sind leichte Gase wie Wasserstoff oder Helium: mit ihnen kann man Ballons füllen, die dann wie von Zauberhand aufsteigen. Tatsächlich tun sie es wegen der Auftriebskraft!

Heißluftballons setzen dabei auf einen weiteren klugen Trick: Sie machen sich zunutze, dass heiße Luft dünner – und damit leichter – ist als kalte. Anstatt ein spezielles Gas mitzuführen, müssen sie ihre Luft deshalb nur erwärmen, um aufzusteigen.

Heißt das, man könnte mithilfe der Auftriebskraft auch einen betrügerischen Ballonhändler überführen, der das Helium in den Partyballons für eine Geburtstagsfeier mit Luft streckt?

Das ginge vielleicht so: Füllen Sie zur Prüfung eines verdächtigen Ballons einen genauso großen Vergleichsballon mit reinem Helium. Gehen Sie dann mit beiden in einen hohen Raum, etwa eine Turnhalle.

Lassen Sie die beiden Ballons los: Sollte einer von ihnen kein reines Helium, sondern auch Luft enthalten, würde er langsamer zur Decke steigen. Denn sein höheres Gewicht würde ihn gegen die Auftriebskraft stärker bremsen.

Derjenige Ballon, der später die Decke der Turnhalle erreicht, ist also verdächtig. Um Irrtümer auszuschließen, sollten Sie freilich die Ballons zurückholen und den Versuch noch einmal durchführen. Entweder sind Sie geschickt darin, ein Seil hochzuklettern – oder Sie fragen die Hausmeisterin nach einer langen Leiter.

8.2. Pferdchen lauf Galopp

Vorgänge, die den menschlichen Sinnen verborgen sind, können mit modernen Kameras problemlos sichtbar gemacht werden: etwa mit Zeitlupen im Sport oder Zeitraffern von Vorgängen in der Natur. Diesen kreativen Einsatz der Fotografie erdachte erstmals in den 1870er-Jahren der Engländer Eadweard Muybridge.

Er wollte ein jahrtausendealtes Rätsel zur Bewegung von Pferden auflösen. Wie nebenbei entwickelte er nicht nur Fotoapparate mit extrem kurzen Belichtungszeiten, sondern schuf auch die Grundlage für die Filmtechnik – für die es damals noch gar keinen Begriff gab.

Was ihm gelang, hätten kurz zuvor wohl selbst die fortschrittlichsten Fotografen seiner Zeit nicht für möglich gehalten. Damalige Fotos zeigen stocksteife Menschen mit versteinerter Miene, die sekundenlang in ihrer Pose verharren mussten. Die Chemie der Fotoplatten und die Mechanik des Objektivverschlusses ließen damals nur Bilder mit langer Belichtungszeit zu.

Auch Muybridge arbeitete zunächst mit solchen Kameras. Er schuf spektakuläre Aufnahmen von Landschaften und Gebäuden. So beauftrage ihn etwa die US-Regierung, die Schönheit Alaskas abzubilden, nachdem der Ankauf des Gebietes von Russland im Jahr 1867 in der Öffentlichkeit sehr umstritten war.

Außerdem fotografierte Muybridge die Anwesen reicher Bürger Kaliforniens. So machte er Bekanntschaft mit Leland Stanford, einem Eisenbahnmagnaten, einflussreichen Politiker und dem späteren Stifter der elitären Stanford University.

Stanford hielt sich als Hobby eine große Pferdezucht mit Rennanlagen. Dabei trieb ihn eine Frage um: Wie läuft der Galopp eines Pferdes genau ab? Stanford hielt fast alle zeitgenössischen Darstellungen von Pferden im Galopp für falsch. Tatsächlich sehen viele dieser Gemälde für uns heute geradezu ulkig aus: Die Tiere haben alle vier Beine von sich gestreckt und die Hinterhufe nach oben gebogen. Sie erinnern eher an ein springendes Flughörnchen als an ein galoppierendes Pferd.

Doch wie der Galopp nun tatsächlich ablief, konnte bis Mitte der 1870er-Jahre niemand mit Sicherheit sagen. Solange es Menschen und Pferde auf der Erde gegeben hatte, war dieser Lauf der Tiere zu schnell für menschliche Augen gewesen. Stanford hatte sogar den weltberühmten französischen Militärmaler Ernest Meissonier gebeten, zwei Skizzen anzufertigen. Sie beide sollten ein und dasselbe galoppierende Pferd zeigen, doch auf dem zweiten Bild sollte es um eine Distanz von einem Fuß weiter gelaufen sein. Meissonier gab entnervt auf.

Danach wandte sich Stanford an den Fotografen Muybridge. Nun sollte er die scheinbar unmögliche Aufgabe lösen, indem er Aufnahmen eines Pferds im vollen Galopp machen sollte. Die Bilder sollten die Stellung der Beine erstmals erkennbar machen. Tatsächlich gelang Muybridge 1873 und 1877 jeweils ein einzelnes Foto eines laufenden Pferds. Stanford war begeistert, doch anders als sein Auftraggeber war Muybridge mit den eher unscharfen Einzelaufnahmen unzufrieden. Von seinem Stifter Stanford ermutigt und mit dessen praktisch unbegrenzten Mitteln ausgestattet, gelang Muybridge 1878 schließlich der Durchbruch.

Er konstruierte eine weltweit einmalige Anlage. Entlang einer Pferderennstrecke platzierte er 24 Kameras nebeneinander in einem Schuppen. Der Untergrund der Rennstrecke wurde weiß gefärbt; der Hintergrund wurde mit weißem Tuch ausgehängt und in nummerierte Abschnitte geteilt. So sollte das Pferd in einem bestmöglichen Kontrast vor dem weißen Hintergrund erscheinen und sein Vorankommen dank der im Bild sichtbaren Zahlen besonders genau zu verfolgen sein.

Die wichtigste Innovation von Muybridge war, das Auslösen und die Belichtung des Bildes vollkommen unabhängig von der menschlichen Reaktionszeit zu machen. Die erste geniale Idee: Das Pferd solle durch seine Bewegung selbst die Aufnahmen auslösen. Muybridge spannte 24 dünne Seidenfäden quer über die Strecke, die vom Pferd beim Vorbeilaufen nacheinander gerissen wurden. Jeder Seidenfaden war mit einer Kamera verbunden – durch das Reißen wurde augenblicklich die Belichtung in der Kamera ausgelöst.

Doch neben dem richtigen Zeitpunkt des Auslösens musste auch die Zeitspanne passen, über die der Fotofilm belichtet wurde. Wäre sie nicht ausreichend kurz gewesen, so hätten die Fotografien nur verwischte Schemen gezeigt und keine Momentaufnahme eines Pferds im Galopp. Der Mechanismus, der dieses Problem löste, war eine weitere brillante Erfindung von Muybridge.

Jede Kamera war mit einem kleinen Elektromagneten ausgestattet, und sie alle waren mit derselben großen Batterie verbunden. Die Stromkreise waren jedoch unterbrochen, solange die Seidenfäden noch über die Pferderennstrecke gespannt waren. Erst wenn das Pferd einen Seidenfaden riss, schloss sich der Stromkreis für den Elektromagneten in der jeweiligen Kamera.

Dadurch zog der Elektromagnet augenblicklich einen kleinen metallischen Stift zur Seite. Dadurch wurden gespannte Gummibänder befreit, welche die beweglichen Objektivklappen der Kamera festhielten. Sie rasten nun blitzschnell aneinander vorbei: eine von oben und eine von unten. Jede Klappe hatte einen kleinen Schlitz in der Mitte – und das Foto wurde nur in jenem winzigen Zeitraum belichtet, in dem die Schlitze sich vor dem Film überlappten und das Licht aus Richtung der Rennstrecke hineinließen.

Aus seinem Versuch machte Muybridge ein öffentliches Spektakel. Er lud die Presse ein, führte vor den Neugierigen das Experiment durch und entwickelte noch an Ort und Stelle die Fotografien, um ihre Echtheit zu beweisen.

Die Bilder gingen um die Welt und wurden zum kulturellen Phänomen. Sie waren die erste Zeitlupenaufnahme der Welt – und sie lösten das jahrtausendealte Rätsel um den Galopp der Pferde. Die überraschende Erkenntnis: Im Galopp hängen kurzzeitig alle vier Beine des Pferde unter dem Körper gefaltet in der Luft.

Von Stanford ermutigt entwickelte Muybridge sogar eine Art Filmprojektor, um die von ihm eingefangene Bewegung des Pferdes öffentlich aufführen zu können. Doch dieses »Zoopraxiskop« wurde bald von anderen Innovationen in der Filmtechnik überholt und fand niemals größere Beachtung.

Muybridge schuf in den folgenden Jahrzehnten ein enormes Lebenswerk von wissenschaftlichen und künstlerischen Fotografien. Seine Aufnahmen zeigen alle möglichen Tiere in Bewegung, aber auch sportliche Übungen und alltägliche Aktivitäten von bekleideten wie nackten Menschen. Doch nie wieder fand irgendeine seiner Arbeiten annähernd solche Beachtung wie jene Bilder, die im Bruchteil einer Sekunde den Galopp eines Pferdes eingefroren und erstmals für den Menschen begreifbar gemacht hatten.

Das unglaubliche Leben des Eadweard Muybridge

Obwohl er zu den Pionieren des Films gehörte, hat es die Geschichte des Eadweard Muybridge nie auf die Leinwand geschafft. Dabei ist sie so voller Dramen und Wendungen, dass so manches Hollywood-Drehbuch dagegen alt aussieht.

Der 1830 als Edward James Muggeridge geborene Engländer begann als Buchhändler im Familienbetrieb. Schon in jungen Jahren wanderte er in die USA aus, wo er kurze Zeit auch in New York und New Orleans im Buchhandel arbeitete. Dann ließ er sich in Kalifornien nieder, wo er seinen Nachnamen in Muygridge änderte und sich der Fotografie widmete.

Bei einem Verkehrsunglück zog er sich im Jahr 1860 eine schwere Kopfverletzung zu, die Zeitzeugen zufolge seine Persönlichkeit veränderte. Nachdem er erfolgreich auf Schadensersatz geklagt hatte, verbrachte er einige Jahre zur Erholung in England. 1867 kehrte er nach San Francisco zurück – als veränderter Mann. Er trat nun unter dem Nachnamen Muybridge auf; Zeitgenossen beschrieben sein neues Wesen als jähzornig und exzentrisch und sein Auftreten als ungepflegt. Unter dem Künstlernamen »Helios«, nach dem griechischen Sonnengott, schuf er in den folgenden Jahren Landschaftsfotografien des amerikanischen Westens.

Außerdem lernte er beim Ablichten der Anwesen reicher Kalifornier den besagten Leland Stanford kennen. 1873 fotografierte er erstmals eines seiner Rennpferde. Bevor er seine weltberühmte Fotoreihe eines Pferdes im Galopp anfertigte, vergingen jedoch noch mehrere Jahre.

Muybridge hatte 1871 die zwanzig Jahre jüngere Flora Shallcross Downs geheiratet, die sich kurz zuvor von ihrem ersten Ehemann hatte scheiden lassen. Sie brachte 1874 den einzigen Sohn der beiden zur Welt. Muybridge hegte lange Zeit den begründeten Verdacht, dass Flora eine Affäre mit dem Hochstapler und Lebemann Harry Larkyns hatte. Als Muybridge zu der Überzeugung gelangte, dass Larkyns sogar der wahre Vater seines Sohnes war, suchte er seinen Widersacher an dessen Arbeitsstätte auf und erschoss ihn am helllichten Tag vor zahlreichen Zeugen.

Daraufhin beantragte Flora bei Gericht die Scheidung von Eadweard, doch ihr Gesuch wurde abgelehnt. Wenig später wurde ihrem Mann der Prozess wegen des Mordes an Harry Larkyns gemacht. Die Jury lehnte den Antrag der Verteidigung ab, ihn als geisteskrank anzuerkennen. Trotzdem wurde er freigesprochen, weil die Jury aus Männern ähnlichen Alters Muybridges Mord am Liebhaber seiner Frau für nachvollziehbar und gerechtfertigt hielt.

Sofort nach dem Prozess reiste Muybridge für Naturfotografien nach Lateinamerika. Er entzog sich damit auch der Zahlung des Unterhalts, den ein Gericht seiner Frau inzwischen zugesprochen hatte. Sie erkrankte wenig später schwer und starb – ihr Sohn, an dem Edward kein Interesse mehr zeigte, wuchs als Waise in einer Pflegefamilie auf.

Zurück in Kalifornien fertigte Muybridge 1878 seine weltberühmten Fotos eines Pferds im Galopp an. Schon wenige Jahre später überwarf er sich jedoch mit Stanford, da dieser ein Buch auf Grundlage von Muybridges Fotos herausgeben ließ, ohne ihn als Künstler und als Urheber angemessen zu würdigen. In einem mehrjährigen Rechtsstreit unterlag Muybridge dem reichen Stanford.

In den 1880er-Jahren fertigte Muybridge im Auftrag der Universität von Pennsylvania mehrere Zehntausend Fotografien an, die Bildreihen von der Bewegung von Tieren sowie von bekleideten und nackten Menschen beim Sport und bei alltäglichen Handlungen zeigen. In dieser Zeit änderte er ein letztes Mal seinen Namen; fortan nannte er sich Eadweard (anstatt wie zuvor Edward) Muybridge.

Erfolglos versuchte er in dieser Zeit, sein Filmvorführungsgerät namens »Zoopraxiskop« weltweit bekannt zu machen. Nachdem er 1889 nach England zurückgekehrt war und zahlreiche Vorträge und Aufführungen in Europa abgehalten hatte, starb Eadweard Muybridge im Jahr 1904 an seinem Geburtsort Kingston upon Thames, der heute zu London gehört.

> Ein altes Klischee besagt, dass »Genie und Wahnsinn nahe beieinanderliegen«. Muybridge verkörpert diese Idee so eindrucksvoll wie sonst kaum jemand. Sein schier unüberschaubares Lebenswerk ist auch heute noch nicht umfassend aufgearbeitet. Welche Würdigung könnte also für die Taten und Untaten des Eadweard Muybridge angebrachter sein, als sie in Bewegtbildern auf eine Leinwand zu bringen?

8.3. Verkehrte Welt

Als Kind war ich sehr nachdenklich und neugierig. Einmal habe ich meine Grundschullehrerin gefragt: Gibt es Antimaterie eigentlich wirklich? Ich schaute damals mit Begeisterung *Star Trek*, und ich wusste, dass, während manche technischen Wunder in solchen Science-Fiction-Geschichten frei erfunden waren, andere einen wahren Kern hatten. Verständlicherweise konnte meine Klassenlehrerin mir nicht spontan eine Antwort geben. Heute, ein Physikstudium später, weiß ich: Antimaterie ist tatsächlich real.

Die Entdeckung der Antimaterie war das glückliche Zusammentreffen einer kühnen theoretischen Vorhersage von 1928 und eines aufwändigen Experiments von 1932. Damals befand sich die Physik in einer Art Ausnahmezustand. Seit der Jahrhundertwende hatten die Entdeckung der Radioaktivität, die Relativitätstheorie und die Quantenmechanik fast alle althergebrachten Gesetze über den Haufen geworfen.

Einer der wichtigsten Theoretiker dieser Zeit war der britische Physiker Paul Dirac. Er kombinierte 1928 als einer der

Ersten die Gesetze der Quantenmechanik mit denen der Relativitätstheorie. Die Ergebnisse seiner Forschung lösten große Verwirrung aus. In Diracs Berechnungen tauchten die altbekannten, negativ geladenen Elektronen auf – so weit, so normal. Doch neben ihnen zeigten sich in den Formeln auch Teilchen, die sich wie etwas verhielten, das man als »Anti-Elektronen« bezeichnen könnte.

Was die Formeln über sie voraussagten, klang vollkommen fantastisch. Beim Zusammentreffen eines Elektrons mit einem dieser »Antiteilchen« würden sich beide vernichten – und dabei zu reiner elektromagnetischer Strahlung werden. Umgekehrt könnten ein Elektron und sein Antiteilchen scheinbar aus dem Nichts entstehen, wenn nur ausreichend energiereiche elektromagnetische Strahlung vorhanden wäre.

Teilchen, die zu reiner Energie verschwinden oder aus reiner Energie geschöpft werden? Niemand von den führenden Physikerinnen und Chemikern der Zeit konnte sich einen Reim darauf machen. Zur Rettung des ratlosen Theoretikers Dirac kam einer, der von diesem Formelsalat gar nichts wusste. Der junge US-Amerikaner Carl David Anderson untersuchte Anfang der 1930er-Jahre die kosmische Strahlung, die einige Jahre zuvor von Victor Hess entdeckt worden war (Kapitel 3.2.).

Anderson arbeitete mit einer Nebelkammer: einem Behälter, gefüllt mit einem Gasgemisch aus Luft, Wasserdampf und flüchtigem Alkohol. Für sein Experiment wurde in diesem Behälter schlagartig ein Kolben zurückgezogen, wodurch ein großer Unterdruck entstand. Dadurch übersättigte die Atmosphäre im Inneren des Behälters, und plötzlich waren die Gase drauf und dran, zu einer Flüssigkeit zu kondensieren und Tröpfchen zu bilden. Doch das Innere des Behälters bot ihnen mit seiner glatten Oberfläche keine Gelegenheit dazu. Die Gase blieben im übersättigten Zustand.

Jede noch so kleine Störung konnte unter diesen Umständen dafür sorgen, dass die Gase in dem Behälter zu Tröpfchen kondensierten. Die Situation gleicht der Stimmung unter Kindern, die sich bei einer nächtlichen Feier eine Reihe von Gruselgeschichten erzählt haben. Es reicht schon ein sanftes Rascheln am Fenster oder das leise Quietschen einer fernen Tür, um spitze Schreie und hektisches Verkriechen auszulösen.

In der Nebelkammer bedeutete dies: Selbst die winzigen Teilchen der kosmischen Strahlung hinterließen sichtbare Tröpfchen-Spuren – ähnlich wie Kondensstreifen am Himmel ein fernes Flugzeug verraten, obwohl das Flugzeug selbst unsichtbar klein ist. Die Tröpfchenspuren in der Nebelkammer ließen sich sogar fotografieren. So konnten die winzigen, blitzschnell vorbeiziehenden Teilchen der kosmischen Strahlung in aller Ruhe anhand der Fotos untersucht werden.

Andersons Kammer hatte sogar noch einen zusätzlichen Kniff: Sie war von einer gewaltigen Magnetspule umgeben. Sie konnte Magnetfelder mit Flussdichten von 2,5 Tesla erzeugen – unerhört stark für die damalige Zeit und auch heute noch für die Magnetresonanztomografie im Krankenhaus Stand der Technik (Kapitel 9.3.). Das Magnetfeld sorgte dafür, dass elektrisch geladene Teilchen nicht geradeaus durch Andersons Nebelkammer flogen, sondern eine Kurve beschrieben. Die Spuren verrieten eine Menge über die Teilchen. Sie wurden beispielsweise durch das Magnetfeld auf umso stärker gekrümmte Bahnen gezwungen, je langsamer sie flogen.

Vor allem konnte Anderson die elektrische Ladung der Teilchen bestimmen. Von ihr hing nämlich ab, in welche Richtung ein Teilchen abgelenkt wurde. So wie sein Experiment aufgebaut war, sah Anderson auf den Fotos positiv geladene Teilchen nach links, negativ geladene dagegen nach rechts abgelenkt. Er hatte jedoch ein Problem: Ein negatives Teilchen, das von oben nach unten flog, bildete die gleiche gekrümmte Spur wie ein positives Teilchen in entgegengesetzter Richtung. Um zweifelsfrei die Ladung der Teilchen zu bestimmen, musste er also wissen, aus welcher Richtung die Teilchen geflogen kamen.

Nun könnte man meinen: Kosmische Strahlung kann ohnehin nur von oben kommen, schließlich fliegt sie aus dem All auf die Erde. Doch neben der kosmischen Strahlung gibt es auch zahlreiche radioaktive Stoffe in unserer Umgebung, die laufend zerfallen und dabei ihrerseits geladene Teilchen durch die Gegend schleudern. Es war also keineswegs ausgeschlossen, dass die geladenen Teilchen der kosmischen Strahlung in Andersons Kammer auch Gegenverkehr hatten.

Anderson wollte deshalb wissen, aus welcher Richtung jedes Teilchen angeflogen kam. So schnell wie sie flogen, war es jedoch ausgeschlossen, dass ein und dasselbe Teilchen auf zwei unterschiedlichen Aufnahmen zu sehen war. Die Information über die Flugrichtung musste daher irgendwie auf jedes einzelne Foto gebannt werden.

Andersons geniale Lösung: Er platzierte ein Bleiplättchen in der Mitte der Kammer. Ein Teilchen, das durch die Platte flog, würde darin durch Stöße mit den Atomen des Metalls Energie verlieren. Dadurch würde es langsamer werden; seine Spur hätte hinter der Platte eine stärkere Krümmung als davor. So konnte Anderson sehen, woher ein Teilchen gekommen war: nämlich aus derjenigen Richtung, in der seine Spur die kleinere Krümmung zeigte.

Diese Lösung entspricht etwa folgender Idee: Angenommen, eine automatische Kamera wäre an einem Waldweg aufgestellt, der von Autos befahren wird. Sie löst nur alle paar Stunden einmal aus – dadurch ist praktisch nie ein Auto im Bild. Die Spuren, welche die Fahrzeuge im Waldboden hinterlassen haben, sind dafür deutlich zu erkennen. Wie ließe sich anhand der Bilder dieser Kamera feststellen, aus welcher Richtung ein Auto gefahren kam? Eine Lösung nach Anderson wäre: in der Mitte des Bildausschnitts eine Bodenschwelle auf den Waldweg zu häufen. Ankommende Fahrzeuge müssten vor der Bodenschwelle bremsen und würden dabei Bremsspuren hinterlassen. Den Fotos wäre dann anzusehen, von wo ein Auto kam: nämlich aus jener Richtung, in der die Bremsspuren vor der Bodenschwelle liegen.

So war Carl Anderson ausgestattet, anhand der Fotos von seiner Nebelkammer so viel wie möglich über die Teilchen zu lernen, die hindurchflogen. Innerhalb einiger Monate machte Andersons Apparat über 1.000 Fotos – überwiegend nachts, weil die Magnetspule einen gewaltigen Stromverbrauch hatte und die Stromversorgung der übrigen Labors nicht beeinträchtigt werden sollte.

Die Fotos wurden nicht von Anderson selbst, sondern von einem Doktoranden entwickelt. Der hielt am 2. August 1932 jenes Foto in der Hand, das in die Geschichte der Physik eingehen sollte. Doch beim Anblick des Fotos erschrak Andersons Angestellter – und vermutete einen Irrtum: War das Negativ womöglich verkehrt herum entwickelt worden?

Die Nebelkammerspur auf dem Foto sah nämlich so aus, als wäre ein Teilchen von der Masse eines Elektrons auf einer nach links gekrümmten Bahn durch die Kammer geflogen. Das allein hätte niemanden überrascht. Es wäre das Bild eines Elektrons, das von oben nach unten durch die Kammer flog – ein völlig normaler Vorgang. Doch das Bleiplättchen in der Mitte der Kammer hatte seine Funktion erfüllt: Es zeigte zweifelsfrei, aus welcher Richtung das Teilchen gekommen war. Und zwar von unten nach oben. Damit schien jedoch die Krümmung der Bahn keinen Sinn zu ergeben. Denn für ein Teilchen, das von unten nach oben flog, bedeutete eine Krümmung nach links eine positive elektrische Ladung.

Ein positiv geladenes Elektron? Ein solches Teilchen hatte noch nie zuvor jemand beobachtet. Nach allem, was die Physik damals wusste, existierte nichts dergleichen. Nur ein Fehler beim Entwickeln des Fotos schien noch eine naheliegende Erklärung: Wäre das Bild nämlich aufgrund eines Versehens spiegelverkehrt, so würde es in Wahrheit bloß ein normales Elektron auf dem Weg von unten nach oben zeigen.

Doch Anderson und sein Team konnten einen solchen Irrtum zweifelsfrei ausschließen. Sie mussten sich der Realität stellen, die das Foto offenbarte: Sie hatten ein »positives Elektron« entdeckt, das Anderson später »Positron« taufte. Wenige Wochen später veröffentlichte er seinen sensationellen Fund. Der kam wie gerufen für den Theoretiker Paul Dirac, in dessen Formeln das rätselhafte »Anti-Elektron« aufgetaucht war. Dirac hatte selbst schon nicht mehr daran geglaubt, dass ein solches Teilchen tatsächlich entdeckt werden würde.

Doch die Übereinstimmung war perfekt: Das »Positron« aus Andersons Nebelkammer war das »Anti-Elektron« aus

Diracs Formeln. Anderson hatte Diracs Theorie bestätigt, ohne sie überhaupt zu kennen – und die beiden Forscher erhielten 1936 bzw. 1933 je einen Physik-Nobelpreis.

Letztlich hatte Anderson seine nobelpreisträchtige Entdeckung dem Bleiplättchen zu verdanken, das er in seiner Nebelkammer installiert hatte. Ohne dieses Plättchen wäre die Flugrichtung der Teilchen in der Nebelkammer verborgen geblieben – und alle Welt hätte das erste Antimaterieteilchen in der Geschichte der Physik bloß für ein stinknormales Elektron aus dem Gegenverkehr gehalten.

Antimaterie an unerwarteter Stelle

Sollten Sie einmal von einem neugierigen Grundschüler oder einer heranwachsenden Science-Fiction-Liebhaberin danach gefragt werden, können Sie nun antworten: Ja, Antimaterie ist real. Für jedes in der Physik bekannte Materieteilchen gibt es ein passendes Antiteilchen: das Positron zum Elektron, das Antiproton zum Proton, sogar das Antineutron zum Neutron.

Forschern ist es sogar schon gelungen, Antiprotonen und Positronen zu vollständigen Atomen von Anti-Wasserstoff zusammenzusetzen. Außerdem haben sie in Experimenten Atomkerne von Anti-Helium, bestehend aus zwei Antiprotonen und zwei Antineutronen, nachgewiesen.

Doch diese Antimaterie existiert nur für winzige Augenblicke und lässt sich unmöglich in nennenswerten Mengen produzieren, geschweige denn lagern. Es gibt deshalb – außerhalb von Dan-Brown-Romanen –

keinerlei Bedrohung durch Antimaterie-Bomben. Dafür kann Antimaterie auch nicht, wie in *Star Trek*, zur Energiegewinnung genutzt werden.

Trotzdem kommt Antimaterie auch im Alltag an Orten vor, wo man sie kaum vermutet. Einer davon sind die Obstkisten am Eingang des Supermarkts: Die hier angebotenen Bananen sind – jedenfalls unter Physikern – bekannt für ihren Antimaterie-Gehalt.

Denn Bananen sind reich an dem natürlichen Mineralstoff Kalium. Etwa jedes zehntausendste der Kalium-Atome in einer Banane besteht aus der radioaktiven Variante Kalium-40. Sie strahlen beim Zerfall für gewöhnlich Elektronen ab – doch etwa jeder hunderttausendste Zerfall geschieht unter Aussendung eines Positrons.

Dieses Positron trifft sofort auf eines der unzähligen Elektronen in der Banane, und die beiden Teilchen vernichten sich. Sie werden dabei zu reiner Energie in Form von Gamma-Strahlung. Die trägt auch den schaurigen Namen »Vernichtungsstrahlung«, doch sie ist im Falle der Banane nur ein harmlos kleiner Teil der natürlichen Radioaktivität, der wir tagtäglich ausgesetzt sind.

Schauen Sie also ruhig einmal andächtig auf die Bananen im Supermarkt. Rein statistisch entsteht in jeder vollen Bananenkiste einmal pro Minute ein Positron – und verlässt sie augenblicklich wieder in Form von Vernichtungsstrahlung.

Kapitel 9

Die Wissenschaft als Seifenoper

9.1. Die Zähmung der Bestie

In der Schule hatte ich einen kauzigen alten Chemielehrer. Dank seiner ulkigen Art habe ich manche Lektionen nie vergessen. Zu der Frage, ob Zahnpasta nicht Fluor enthielte, rief er damals aufgebracht: »Da sind Fluoride drin und kein Fluor! Wäre Fluor in der Zahnpasta, dann wären die Zähne nach dem Putzen nicht sauber, sondern weg!«

Recht hatte er. Denn das Gas Fluor ist das am heftigsten reagierende aller chemischen Elemente. In der Natur kommt es deshalb praktisch nicht in Reinform vor. Dafür stecken die Atome des Fluors an vielen Stellen in unserem Alltag – etwa in den Fluoriden in der Zahnpasta. Das sind Salze, die den Zahnschmelz widerstandsfähiger gegen Säuren und die Folgen des Genusses von Süßspeisen[18] machen können.

Reines Fluor hingegen ist nicht bloß schlecht für die Zähne – es ist tödlich. Im 19. Jahrhundert versuchten zahlreiche Forscher, reines Fluor aus seinen natürlichen Verbindungen zu lösen, denn nur wenige Taten versprechen in der Chemie so viel Ruhm wie das Isolieren eines neuen Elements. Viele Forscher bezahlten den Versuch jedoch mit ihrer Gesundheit oder sogar ihrem Leben. Sie gingen als »Märtyrer des Fluors« in die Geschichte ein.

Schon große Chemiker wie Humphry Davy und Joseph-Louis Gay-Lussac waren an der Isolierung des Fluors ge-

---

18 Ein aufmerksamer Zahnarzt und P.M.-Leser erklärte dazu in einem Leserbrief: Süße Speisen schädigen die Zähne nicht direkt. Sie werden zum Problem, weil Bakterien im Mund den Zucker vertilgen, mit dem sie an den Zähnen kleben. Dabei scheiden die Bakterien zahnschädliche Säuren aus. Zähneputzen hilft, den Zucker und die Bakterien rechtzeitig wieder loszuwerden.

scheitert: Gay-Lussac verletzte sich beim Einatmen ätzender Dämpfe. Davy, der im Jahr 1810 das Chlor als eigenständiges Element erkannt hatte, trug Augenschäden davon.

Fluor hat nämlich eine besondere Tücke: In Gegenwart von Wasser kommt es zu einer Reaktion, in der Fluorwasserstoff entsteht. Dieser bildet in Wasser gelöst die überaus gefährliche Flusssäure. Dafür reicht es schon, wenn Fluorgas auf die Luftfeuchtigkeit oder die Feuchtigkeit auf der menschlichen Haut, den Schleimhäuten oder den Augen trifft.

Flusssäure kann im äußersten Fall auch durch die Haut in die Blutbahn dringen. Dort entzieht sie dem Körper das lebenswichtige Mineral Kalzium, was binnen Stunden zu einem schmerzhaften Tod führen kann. Trotz dieser Gefahr kommt Flusssäure bis heute in vielen Laboren zum Einsatz – und trotz des Wissens um diese Gefahren geschehen bis heute tödliche Unfälle bei der Arbeit damit.

Im 19. Jahrhundert versuchten die irischen Brüder Thomas und George Knox, Fluor aus seiner Verbindung mit Quecksilber zu lösen. Es gelang ihnen, Fluorwasserstoff zu erzeugen – doch beide erlitten schwere Vergiftungen, und Thomas Knox verlor beinahe sein Leben. Später verfolgten der belgische Chemiker Paulin Louyet und der Franzose Jérôme Nicklès diesen Weg weiter. Auch sie konnten Fluorwasserstoff erzeugen – doch obwohl dessen Gefahren inzwischen bekannt waren, starben beide, nachdem sie eine tödliche Dosis eingeatmet hatten.

Es brauchte einen ebenso mutigen wie besonnenen Experimentator, um das Element zu bezwingen: den Franzosen Henri Moissan. Seine Expertise war die Elektrolyse. Bei diesem Verfahren wird ein elektrischer Strom durch eine

Substanz geleitet, um sie in ihre Bestandteile aufzuspalten, aus Wasser werden dabei zum Beispiel Wasserstoff und Sauerstoff frei. Moissans Plan: den gefährlichen Fluorwasserstoff durch Elektrolyse spalten, um reines Fluorgas zu gewinnen.

Im Sommer 1886 ging er den Versuch an, in einem von ihm eigens dafür eingerichteten Schuppen nahe seines Instituts. Moissan war die Gefährlichkeit seiner Aufgabe wohl bewusst. Und auch die Schwierigkeit: Denn Flusssäure zerfraß die Versuchsaufbauten, mit denen sie untersucht werden sollte. Verschiedenste Metalle und sogar Glas wurden so stark angegriffen, dass kontrollierte Experimente kaum möglich waren.

Moissan brauchte eine Apparatur, die vom Fluor und seinen Verbindungen nicht zerfressen wurde. Er bediente sich eines Tricks und setzte auf ein Material, das bereits Fluor enthielt: Fluorit, ein Salz aus Calcium und Fluor, das als Mineral in der Natur vorkommt. Solche Verbindungen, die bereits Fluor enthalten, werden auch von reinem Fluor nicht weiter verändert.

Außerdem benötigte Moissan elektrische Kontakte, die dem Fluor standhalten konnten. Hierfür konnte er kein Fluorit verwenden, sondern brauchte ein leitfähiges Metall. Doch praktisch alle Metalle werden von Flusssäure angegriffen und zersetzt. Moissan setzte auf eine Platin-Iridium-Legierung, die weniger schnell zerfressen wurde als andere Metalle. Um die Zersetzung der Apparatur weiter zu verlangsamen, kühlte er sie in einem Bad aus flüssigem Chlormethan bei einer Temperatur von −23 °C.

Moissan wusste außerdem: Es würde nicht reichen, bloß die Flusssäure zu elektrolysieren. Denn dabei wird hauptsächlich der Wasseranteil der Säure zersetzt. So hätte Moissan Sauerstoffgas freigesetzt, aber kein reines Fluorgas. Moissan präparierte deshalb als erster Forscher überhaupt reinen Fluorwasserstoff, der nicht in Wasser zu Flusssäure gelöst war.

Dieser reine Fluorwasserstoff ist jedoch nicht elektrisch leitfähig. Moissan musste erreichen, dass ein Strom durch die Verbindung fließen konnte. Das konnte er durch Mischen mit einem anderen Stoff – doch dieser durfte sich nicht leichter durch Elektrolyse zersetzen lassen als der Fluorwasserstoff selbst, sonst hätte er das gleiche Problem wie schon mit der Flusssäure. Moissan entschied sich für Kaliumhydrogendifluorid, ein fluorhaltiges Salz, das den Fluorwasserstoff elektrisch leitend machte, ohne die Reaktion zu stören.

Zu guter Letzt brauchte Moissan noch die nötige Energie für die Elektrolyse. Sie kam aus einer gewaltigen Batterie mit 90 Bunsenzellen. Mit diesem außergewöhnlichen Apparat schaffte Henri Moissan endlich das, woran andere Forscher etliche Jahrzehnte lang unter dramatischen Opfern gescheitert waren: Er gewann reines Fluorgas. In den folgenden Jahren verfeinerte er seine Methoden. Vor allem baute er eine lange Röhre aus Fluorit, in der er Fluorgas auffing. Durch diese Röhre sah Moissan als erster Mensch die Farbe reinen Fluorgases: ein blasses Gelb.

Für seine Arbeit erhielt Moissan 1906 den Chemie-Nobelpreis. Er wurde geehrt mit den Worten: »Alle Welt hat das experimentelle Geschick bewundert, mit dem Sie Fluor isoliert und untersucht haben – diese wilde Bestie unter den Elementen.« Moissans Ruhm war damit unvergänglich, ganz anders als der Ort seines Triumphs: Der Schuppen, in dem er seine Versuche durchgeführt hatte, musste abgerissen werden. Flusssäure-Dämpfe hatten sogar die Fenster blind gefressen.

Schon kurz nach der Verleihung des Nobelpreises starb Moissan mit 54 Jahren an einer Blinddarmentzündung. An ihn erinnern heute ein Museum an seiner alten Wirkungsstätte in Paris und ein Denkmal in seinem nahe gelegenen Heimatort Meaux. Viele Historiker schreiben Moissans geschwächte Gesundheit dem Umgang mit Fluor und seinen Verbindungen zu – und zählen Henri Moissan als letzten Märtyrer des Fluors.

Fluor und Segen zugleich

»Fluor« geht auf den lateinischen Begriff für »fließen« zurück. Fluorsalze wurden schon im 16. Jahrhundert als Flussmittel benutzt: Sie machten eingeschmolzenes Erz dünnflüssiger und damit leichter handhabbar. Bis heute sind fluorhaltige Stoffe für die Metallindustrie wichtig, zudem ist Flusssäure ein beliebtes Mittel zum Ätzen von Silizium bei der Herstellung von Mikrochips.

Die Kehrseite der extremen Reaktionsfreudigkeit von Fluor ist, dass seine Atome enorm starke Verbindungen eingehen. Fluorhaltige Stoffe können deshalb besonders widerstandsfähig sein. Sie kommen heute in zahlreichen Kunststoffen vor und finden sich auch in Teflon-Beschichtungen für Kochgeschirr. In Medikamenten sorgen Fluorverbindungen für eine langsame Freigabe von Wirkstoffen. Das enorm träge Gas

Schwefelhexafluorid kommt als Isolationsmittel in Hochspannungsanlagen zum Einsatz.

Fluor ist außerdem das »F« in den berüchtigten »FCKWs«, also Fluorchlorkohlenwasserstoffen. Sie kamen als Kühlmittel in Kühlschränken und Klimaanlagen zum Einsatz, bevor sie wegen ihrer schädlichen Wirkung auf die Ozonschicht international verboten wurden. Eine besondere Anwendung findet Fluor bis heute bei der Anreicherung von Uran für Kernreaktoren: Dabei wird natürliches Uran in Zentrifugen nach seinem Atomgewicht getrennt. Dafür muss es gasförmig sein – das gelingt dank Fluor. In der Verbindung Uranhexafluorid ist selbst das Schwermetall Uran bei normalem Luftdruck schon bei 70 °C gasförmig.

Reines Fluorgas findet sich wegen seiner enormen Reaktionsfreudigkeit nicht in der Natur – mit einer kuriosen Ausnahme. Ein Mineral aus Wölsendorf in der Oberpfalz enthält neben Fluorit auch radioaktives Uran. Die Strahlung des Urans bricht einige der Fluorit-Moleküle auf, sodass mikroskopische Mengen reinen Fluorgases in winzigen Einschlüssen im Kristall entstehen.

Dieses Mineral ist deshalb unter eifrigen Sammlern chemischer Elemente als die einzige Möglichkeit berühmt, ohne Labor an reines Fluorgas zu kommen und es sicher aufzubewahren. Nur wenn der Stein aufgebrochen wird, tritt das Fluor hervor und reagiert sofort mit der Luft, wobei übel riechende (und nicht gerade gesunde) Stoffe entstehen. Der historische Name dieses Minerals: Stinkspat.

9.2. Ehre und Elektronen

Nach der Schule und dem Physikstudium hat mich eines bei meiner Arbeit immer wieder überrascht: Die Wissenschaft ist in Wahrheit nie so geradlinig und zielstrebig vorangeschritten, wie es die Lehrbücher darstellen. Ein eindrucksvolles Beispiel dafür ist die Arbeit von Robert Millikan. Sein historisches Experiment zur Bestimmung der Elementarladung brachte ihm den Nobelpreis ein und fehlt in keinem Physik-Schulbuch.

Doch es wird auch bis heute hitzig diskutiert: War Millikans Herangehensweise überhaupt wissenschaftlich korrekt? Hat er durchdacht und gründlich gearbeitet und seine Ergebnisse redlich dargelegt? Oder hat er geschludert, gepfuscht – und am Ende sogar betrogen? Pointiert wird die Kontroverse noch durch Millikans zweifelhaften Umgang mit einem jungen Angestellten – und eine bizarre Fehde mit einem aufbrausenden Wiener Forscher namens Felix Ehrenhaft.

Die Geschichte beginnt Anfang des 20. Jahrhunderts, als die Wissenschaft mit elektrischen Strömen und Feldern bereits vertraut war, aber die Ursachen der Elektrizität noch weitgehend unbekannt waren. Jene winzigen Teilchen, die wir heute als Elektronen kennen, waren gerade erst identifiziert worden. Robert Millikan war ein Schüler und großer Bewunderer des Forschers Albert Michelson (Kapitel 6.1.) an der Universität von Chicago. Nachdem er sich einige Jahre mit mäßigem Erfolg als Lehrbuchautor verdingt hatte, widmete er sich ab 1908 einer der drängendsten Forschungsfragen seiner Zeit: Welchen Wert hat die kleinstmögliche Einheit elektrischer Ladung?

Zusammen mit vielen anderen Physikern seiner Zeit ging Millikan davon aus, dass die elektrische Ladung in Form winziger »Pakete« vorliegen musste. Aus ihnen müssten alle elektrischen Ladungen in der Natur zusammengesetzt sein. Da diese kleinste Ladungsmenge unteilbar war, wurde sie auch die Elementarladung genannt. Der genaue Wert der Elementarladung war von großem Interesse, doch niemand hatte ihn bislang bestimmen können.

Die wenigen groben Schätzungen kamen damals überwiegend aus Experimenten mit elektrisch geladenem Nebel. Dafür wurde Wasserdampf in einer kleinen Kammer mit Röntgenstrahlen elektrisch aufgeladen. Dann wurden durch Druckabfall schlagartig zahllose Wassertröpfchen erzeugt – ähnlich dem Prinzip der Nebelkammer, die später in der Physik allgegenwärtig wurde (Kapitel 8.3.). Die Nebeltröpfchen, so hofften die Forscher, entstanden durch Kondensation an jeweils einem einzelnen Ion, also einem Teilchen mit der kleinstmöglichen elektrischen Ladung. Folglich sollte jedes Tröpfchen um genau den Wert einer Elementarladung elektrisch aufgeladen sein. Nach ihrem Entstehen sanken die Nebeltröpfchen unter ihrem eigenen Gewicht hinab. Sie waren jedoch unterschiedlich groß. Die kleinsten Tröpfchen bildeten eine feine Wolke, die besonders langsam fiel.

Um die Ladung zu bestimmen wurde die Wolke einem elektrischen Feld ausgesetzt, das zwischen zwei Kondensatorplatten über und unter der Wolke angelegt wurde. Das Feld drückte die elektrisch geladenen Tröpfchen nach unten – sie sanken nun schneller als durch die Schwerkraft allein. Aus dem Verhältnis der Geschwindigkeiten ließ sich theoretisch errechnen, wie stark jedes Tröpfchen geladen war.

Auch Millikan führte dieses Experiment durch, doch er war frustriert von seinen zahlreichen Schwierigkeiten. Die Wolke hatte keine scharfe Oberkante, deren Sinkgeschwindigkeit genau zu bestimmen war. Außerdem stand zu vermuten, dass die Tröpfchen schon während des Absinkens durch Verdunsten an Gewicht verloren, was die Messung verfälschte. Nicht zuletzt war die Methode ungeeignet, wirklich die Ladung einzelner Tröpfchen zu vermessen: Sie konnte nur den Durchschnitt über die ganze Wolke liefern. Einzelne Tröpfchen konnten jedoch theoretisch auch eine doppelte oder dreifache Ladung tragen, was zu einem falschen Ergebnis führen würde.

Als Millikan an seinem Versuchsaufbau herumspielte, um die Messungen zu verfeinern, stolperte er über jenen Trick, der ihn letztlich zum Nobelpreis führte: Er kehrte das elektrische Feld um, sodass der Nebel nicht hinabgedrückt, sondern angehoben wurde. Dadurch wurde zwar die Wolke zerstoben – doch ein paar einzelne Tröpfchen blieben nahezu perfekt in der Schwebe und waren leicht mit dem Auge zu erkennen. Millikan war begeistert: Wenn er einzelne Tropfen verfolgen konnte, so konnte er endlich auch eine einzelne Elementarladung in Aktion beobachten!

Und es kam noch besser, denn Millikan bemerkte, dass einzelne Tropfen manchmal sprungartig ihre Geschwindigkeit oder ihre Flugrichtung änderten. Für ihn war schnell klar: Wenn das passierte, hatte der betreffende Tropfen gerade ein einzelnes Ion oder Elektron eingefangen. Das hieße, dass sich die Ladung des einzelnen Tröpfchens vor Millikans Augen um genau den Betrag einer Elementarladung änderte!

Zusammen mit einem jungen Angestellten vermaß Millikan die Bewegung so vieler geladener Tröpfchen wie möglich. Er veröffentlichte die Ergebnisse dieser Versuche im Frühjahr 1910 und verglich sie dabei mit den Messungen anderer Forscher. Manche der Experimente seiner Kollegen lobte er dabei – während er an den Experimenten anderer Forscher kein gutes Haar ließ.

Zu letzteren zählte auch der Wiener Physiker Felix Ehrenhaft, der damals eine schillernde Figur der deutschsprachigen Wissenschaftswelt war. Ehrenhafts Experimente waren denen Millikans sehr ähnlich. Er forschte nicht an flüssigen Tröpfchen, sondern mit mikroskopisch kleinen Metallspänen. Millikan hielt die für ungeeignet: Ihre genaue Größe und Luftwiderstand beim Absinken ließen sich kaum richtig berechnen, da die Späne nicht unbedingt kugelförmig waren. Zudem habe Ehrenhaft die Bewegungsgeschwindigkeit seiner Metallspäne weniger genau bestimmt als Millikan die seiner Tröpfchen.

Millikan konnte unmöglich geahnt haben, in welch ein Wespennest er trat. Er war mit mehreren Kollegen hart ins Gericht gegangen, doch insbesondere Felix Ehrenhaft war tödlich beleidigt. Binnen weniger Wochen veröffentlichte er seinerseits eine vernichtende Kritik von Millikans Arbeit. Ehrenhaft wertete anhand Millikans eigener Formeln dessen Messdaten neu aus und kam zu dem Schluss: Millikan hatte systematisch Messwerte unter den Teppich gekehrt, die ihm nicht in den Kram gepasst hatten. Millikans Daten hätten auch ganz andere Werte für die Elementarladung liefern können, wenn er aufrichtiger gerechnet hätte – so Ehrenhafts niederschmetterndes Urteil.

Die Kritik war berechtigt. Millikan hatte in seiner Veröffentlichung freimütig erklärt: Er hatte manche Tröpfchen schwächer gewichtet oder sogar ganz ignoriert, wenn sie seiner Meinung nach zu schwer oder zu leicht gewesen waren, zu schnell oder zu langsam gesunken oder gestiegen oder ihre Ladung zu stark von der anderer Tröpfchen abwich. Kurzum, Millikan wischte jene Messungen beiseite, die seiner Vorstellung von einem plausiblen Ergebnis widersprachen – eine Praxis, die ihm bis heute zur Last gelegt wird.

Doch Millikan hielt sich im Jahr 1910 in Chicago nicht mit Ehrenhafts Kritik oder den Widerspenstigkeiten seiner Wassertröpfchen auf. Er arbeitete an einer Weiterentwicklung seines Experiments. Sein neuer Doktorand Harvey Fletcher bekam von Millikan den Auftrag, eine neue Variante des Versuchs aufzubauen. Sie sollte sich einer Flüssigkeit bedienen, die weniger leicht verdunstete als Wasser. Der junge Fletcher war im Labor sehr begabt: An nur einem Nachmittag baute er einen Prototyp, der mit feinsten Tröpfchen von Uhrenöl aus einem Zerstäuber arbeitete. Dank der Reibung beim Austreten aus dem Zerstäuber waren die Tropfen sofort elektrisch geladen. Er ließ sie durch ein kleines Loch in der oberen Platte eines Kondensators fallen, wo sie einem elektrischen Feld ausgesetzt und leicht beobachtet werden konnten.

Es war der perfekte Versuchsaufbau für Millikans Zwecke. Wochenlang brüteten Fletcher und Millikan über dem Experiment, verfeinerten die Apparatur und verbesserten ihr Verständnis von der Bewegung der Tröpfchen. Besonders aufschlussreich war es auch in diesem Versuchsaufbau, wenn ein Tröpfchen mitten im Flug seine Ladung änderte, etwa weil es ein geladenes Teilchen aus der Luft eingefangen hatte oder von Strahlung getroffen worden war. Dann änderte es (wie zuvor das Wasser) seine Steig- oder Sinkgeschwindigkeit. Millikan und Fletcher verfolgten Hunderte Tröpfchen; in einem Fall sahen sie viereinhalb Stunden lang ein und demselben Öltropfen beim Steigen und Sinken zu.

Bald hatten sie genug Material für eine ganze Handvoll wissenschaftlicher Veröffentlichungen zusammen. Doch bei der sprichwörtlichen Verteilung der Felle nutzte Millikan seine Machtposition aus: Er trat als alleiniger Autor der Veröffentlichung auf, die den neu gefundenen Wert der Elementarladung verkündete. Fletcher bekam einen größeren Anteil an den übrigen Arbeiten; eine davon wurde seine Doktorarbeit. Doch es war klar: Neben Millikans Veröffentlichung würde der Rest nicht einmal annähernd so große Aufmerksamkeit bekommen.

Leider war ein solches Vorgehen lange die Regel in der Wissenschaft und ist es teilweise heute noch. Harvey Fletcher, so scheint es mir, hat es jedoch besonders hart getroffen. Im Jahr 1982 erschienen seine Memoiren, auf seinen ausdrücklichen Wunsch hin erst nach Millikans und seinem eigenen Tod. Darin schilderte er detailliert seinen Beitrag zum Aufbau des Öltröpfchen-Experiments – sowie insbesondere einen Tag im Sommer 1910. Fletcher hütete daheim seine einen Monat alte Tochter; seine Frau war ausgegangen. Völlig unerwartet erschien Millikan persönlich und verkündete Fletcher, wie er die Autorenschaft der Veröffentlichungen aufteilen würde. Fletcher war enttäuscht, aber sah keine andere Option, als sich zu fügen. Ein Baby in der Wohnung, der Professor in der Tür, die Anerkennung für ein

Experiment von Weltrang verwehrt – diese Vorstellung bricht mir das Herz.

Indes hatte auch Millikan die Weltbühne nicht für sich allein. Denn in Europa hatten sich Felix Ehrenhaft und einige Mitstreiter regelrecht in die Frage nach der Elementarladung verbissen. Sie kritisierten längst nicht mehr nur Millikans Arbeit: Sie vertraten nun die Überzeugung, dass es überhaupt keine Elementarladung gab. Ihrer Meinung nach war die elektrische Ladung ohne jede Untergrenze beliebig teilbar und folglich in jeder noch so kleinen Menge in der Natur zu finden. Ehrenhaft sprach sogar vom »Subelektron«, dem hypothetischen Träger jeder noch so kleinen elektrischen Ladung. Er konnte zahlreiche Experimente vorweisen, die ihm recht zu geben schienen: Immer wieder tauchten in seinen Versuchsergebnissen scheinbar willkürliche Bruchteile der elektrischen Ladung auf; keinesfalls folgten sie der regelmäßigen Einteilung in Vielfache der Elementarladung, die Millikan gefunden hatte.

Ehrenhaft produzierte jahrelang einen ganzen Berg ellenlanger, bitterböser Manuskripte über die vermeintlichen Irrtümer und Falschbehauptungen Millikans. Der wiederum wehrte sich beharrlich und bezeichnete Ehrenhafts Schlussfolgerungen als grotesk und absurd. Aus der wissenschaftlichen Meinungsverschiedenheit wurde ein erbitterter, persönlicher Schlagabtausch. Ich stelle mir vor, dass die beiden sich gegenseitig noch die Autoreifen aufgeschlitzt hätten, hätten sie nur etwas später und auf demselben Kontinent gelebt.

Auf den ersten Blick ist klar, wer von beiden im Recht war. Millikan verbesserte das Experiment, das er mit Fletcher entwickelt hatte, immer weiter. Er veröffentlichte 1913 einen Wert für die Elementarladung, dessen Genauigkeit jahrelang von niemandem übertroffen wurde. Inzwischen gehört die Elementarladung zum Fundament der modernen Physik. Millikan erhielt 1923 den Physik-Nobelpreis und ging als genialer Experimentator in die Geschichte ein.

Doch Ehrenhafts Kreuzzug gegen Millikan und die Elementarladung hatte einen tieferen Hintergrund. Ehrenhaft und einige seiner Zeitgenossen gehörten zu den letzten großen Forschern, die noch gegen die Idee der Atome an sich kämpften. Ihnen war die Vorstellung zuwider, dass alles in der Welt in winzige Einheiten zerteilt war – und zwar insbesondere, weil diese Einheiten zu klein waren, um von Menschen wahrgenommen zu werden. Der wichtigste Anführer dieser Bewegung war der Physiker und Philosoph Ernst Mach. Ihm zufolge durfte sich die Physik nur auf das stützen, was sich direkt beobachten ließ – und Atome gehörten nicht dazu. In diesem Sinne war auch Felix Ehrenhaft überzeugt, dass Millikans Elementarladung ein Hirngespinst war.

Aus heutiger Sicht ist das schlicht falsch. Doch Ehrenhafts Kritik an Millikans Arbeit war trotzdem berechtigt. Denn mit welchem Recht ließ Millikan Messwerte unter den Tisch fallen, die ihm nicht zusagten? In seinen frühen Veröffentlichungen hatte Millikan dies immerhin noch unumwunden zugegeben. Bei seiner wichtigsten Arbeit von 1913 war das anders: Dort listete Millikan die Messwerte für 58 Öltröpfchen auf und betonte, dass es sich um eine vollständige Messreihe handelte; er habe keine Tröpfchen ausgelassen. Doch eine Auswertung seiner Laborbücher nach Millikans Tod offenbarte: In Wahrheit hatte er im fraglichen Zeitraum ganze

140 Tröpfchen beobachtet, von denen weniger als die Hälfte in seine Veröffentlichung einflossen.

Seit nunmehr 40 Jahren wird diese Entscheidung Millikans in immer neuen Büchern, Artikeln und Analysen von allen Seiten beleuchtet. Kritiker sagen, Millikan habe seine Daten frisiert, um zu einem glatteren Ergebnis zu kommen und seinem Erzrivalen Ehrenhaft keine Angriffsfläche zu bieten. Seine Verteidiger führen an, dass Millikan seine Apparatur gut genug kannte, um fehlerhafte Messungen als solche zu erkennen. Dieses Argument ist stichhaltig, denn der Triumph des Millikan-Experiments täuscht über eines hinweg: Es ist sehr, sehr schwierig durchzuführen. Viele Physiklehrerinnen und -lehrer sowie unzählige Studentinnen und Studenten sind schon an einem der notorisch störanfälligen Millikan-Apparate verzweifelt.

Zahlreiche Einflüsse können die Messung verzerren oder verhindern: Staub in der Kammer, ein widerspenstiger Zerstäuber, der zu große oder zu kleine Tröpfchen produziert, der Einfluss von Umgebungstemperatur und Luftdruck, Schwankungen im elektrischen Feld, die ermüdende Beobachtung mit einem zugekniffenen Auge durch ein von Hand fokussiertes Okular und so weiter. Es ist also plausibel, dass Millikan des Öfteren einen Tropfen beobachtete und kurz darauf feststellte: Da ist etwas schiefgegangen, diese Messwerte sind unbrauchbar. Und doch bleibt ein fader Beigeschmack. Darf ein Forscher das? Oder müsste eigentlich jeder noch so unerfreuliche Wert in die Resultate einfließen?

Hier zeigt sich eine überraschende Gemeinsamkeit zwischen Ehrenhaft und Millikan: Beide führten überaus schwierige und störanfällige Versuche durch, um die kleinste elektrische Ladung in der Natur zu bestimmen. Millikan erwartete eine Elementarladung – also ließ er selbstbewusst jene Messdaten außen vor, die seiner Vorstellung widersprachen. Ehrenhaft hingegen war überzeugt, dass die elektrische Ladung beliebig teilbar war – und verwendete freudig alle Messdaten, die gegen eine Elementarladung sprachen.

In Wahrheit waren beide Versuchsaufbauten unweigerlich von Ungenauigkeiten und Messfehlern geplagt. Beide produzierten Daten, die teilweise unbrauchbar waren. Millikan meinte, diese Messfehler erkennen und ignorieren zu können. Demgegenüber suchte Ehrenhaft viel weniger nach Messfehlern und nahm an, fast alle seine Daten seien gleichermaßen aussagekräftig. Aus heutiger Sicht wäre es ratsam gewesen, Millikan hätte deutlich weniger Daten außen vor gelassen – und Ehrenhaft deutlich mehr.

Während Ehrenhaft weitgehend in Vergessenheit geriet, wurde Millikan zum wissenschaftlichen Star. Auch deshalb wird sein Handeln bis heute kontrovers diskutiert. Ich bin nicht sicher, wie ich es bewerten würde. Millikan hatte recht, doch sein Umgang mit seinen Messdaten war bestensfalls grenzwertig. Auch tut mir sein geschasster Doktorand Harvey Fletcher leid. In jedem Fall zeigt sich, wie viel Geschichte, menschliches Drama und sogar Wissenschaftsphilosophie hinter einer einzigen Spalte in einem Lehrbuch stecken kann.

Die Elementarladung nach Millikan

Zu Millikans Zeiten wurde die elektrische Ladung in »elektrostatischen Einheiten« gemessen. Der Wert, den Millikan 1913 veröffentlichte, betrug $4{,}774 \cdot 10^{-10}$. Heute ist das Coulomb (kurz: C) die international festgelegte Einheit für die elektrische Ladung. Millikans Wert entsprach $1{,}5924 \cdot 10^{-19}$ C.

Heute ist die Elementarladung auf rund $1{,}602 \cdot 10^{-19}$ C festgelegt. Millikans Wert von 1913 war also um gut ein halbes Prozent zu klein. Es dauerte jedoch einige Jahrzehnte, bis Forscher mit diversen anderen Experimenten den heute akzeptierten Wert bestimmt hatten.

Der Physik-Nobelpreisträger Richard Feynman wertete dies in einer Rede im Jahr 1974 als Zeichen einer historischen Ehrfurcht: Andere Physiker waren zögerlich, dem großen Millikan zu widersprechen. Sie misstrauten ihren Daten, wenn sie Millikans Ergebnis widersprachen, und akzeptierten sie bereitwillig, wenn sie mit Millikan übereinstimmten.

Feynmans Rat an die angehenden Forscherinnen und Forscher vor denen er sprach: »Das oberste Prinzip ist, dass du dich nicht selbst betrügen darfst – auch wenn du selbst diejenige Person bist, die du am leichtesten betrügen kannst.«

9.3. Tiefe Einblicke

Im Krankenhaus in eine Röhre geschoben zu werden – das ist wahrlich keine schöne Vorstellung und passiert meist auch aus unerfreulichem Anlass. Als es mir erstmals so ging, konnte ich mich immerhin trösten: Ich hatte mich im Studium und im Beruf schon mehrmals intensiv mit der Magnetresonanztomografie (MRT) beschäftigt. Meine Neugier und Faszination für diese Technik und die Physik dahinter waren größer als alle Angst und Sorge.

Ein MRT kann besonders vom »weichen Gewebe« des Körpers aufschlussreiche Bilder liefern: etwa von den inneren Organen, den Gelenken oder auch dem Gehirn. Anders als bei Röntgenaufnahmen oder der Computertomografie (CT) wird der Körper dabei keiner Strahlenbelastung ausgesetzt, was besonders für Schwangere oder junge Patientinnen und Patienten von Vorteil ist. Ein MRT ist jedoch nicht in allen Fällen einer Untersuchung mit Röntgenstrahlung überlegen: Eine MRT-Untersuchung dauert beispielsweise ziemlich lange und kann zu Problemen mit Metallteilen wie Schmuck, Implantaten oder Splittern führen.

Diese Technik macht sich eine kuriose Eigenschaft der Atome zunutze, aus denen unser Körper zusammengesetzt ist. Deren Atomkerne haben nämlich ein sogenanntes magnetisches Moment und verhalten sich – stark vereinfacht gesagt – wie winzige, kreiselnde Magnete. Der physikalische Name für diese Eigenschaft der Atomkerne lautet »Kernspin«.[19]

---

19 »Kernspin« ist zugleich ein Spitzname für die Magnetresonanztomografie. Im medizinischen Zusammenhang bezeichnen »Kernspin« und »MRT« also die gleiche Untersuchungsmethode.

Bevor der Kernspin in die Medizin Einzug hielt, wurde er schon für ein chemisches Messverfahren namens Kernresonanzspektroskopie genutzt. Dieses Verfahren beruht darauf, dass der Kernspin der Atome gezielt in eine kreiselnde Bewegung gebracht werden kann. Zu diesem Zweck wird eine Probe einem starken Magnetfeld ausgesetzt und mit Radiowellen bestrahlt.

Vorstellen kann man sich das so, als würden die Atomkerne zum Tanzen angeregt. Das starke Magnetfeld bereitet ihnen die Tanzfläche, und die Radiowellen sind die Musik, die den Takt vorgibt. Doch wozu das Ganze? Damit die unsichtbar kleinen Atomkerne ihre Tanzbewegungen durch gewisse Signale verraten, die sie unweigerlich aussenden.

Angenommen, wir stünden in einer Tanzschule, während die Tanzschülerinnen und -schüler »Trockenübungen« ohne Musik machten. Könnten wir mit geschlossenen Augen erkennen, welcher Tanz gerade einstudiert wird? Durchaus! Denn die Schuhe klappern auf dem Parkett, Kleider reiben aneinander, und der Boden vibriert im Takt. All dies liefert uns Hinweise auf den Tanz, den wir nicht sehen. Mit etwas Übung könnten wir sogar erkennen, wer dort tanzt: Anfänger oder Profis, Einzeltänzer oder Paare, Junge oder Ältere.

So macht es auch die Kernresonanzspektroskopie: Das Magnetfeld und die Radiowellen wirken auf den Kernspin ein, sodass der Atomkern in Bewegung gerät. Das verräterische Schuheklappern dieser Atomkerne ist in Wahrheit ein schwaches Radiosignal, das von den taumelnden Atomkernen ausgesandt wird. Wird dieses Signal eingefangen und analysiert, lassen sich verschiedene Atomkerne und die dazugehörigen chemischen Elemente identifizieren. Selbst unterschiedliche chemische Verbindungen werden erkennbar – schließlich wird jede Tänzerin stets auch von ihrem Tanzpartner beeinflusst.

Diese Kernresonanzspektroskopie gehörte 1970 längst zum Handwerkszeug der Chemie. Doch sie diente nur der Charakterisierung kleine Materialproben – niemand setzte diese Technik ein, um Bilder zu erzeugen. Der aufstrebende amerikanische Chemiker Paul Christian Lauterbur wollte das ändern. Die erste Probe, die er mithilfe des Kernspins durchleuchten wollte, war überaus simpel: zwei mit Wasser gefüllte Röhrchen von genau einem Millimeter Durchmesser standen in einer etwas breiteren, mit Schwerem Wasser gefüllten Röhre.

Gewöhnliches Wasser besteht aus zwei Wasserstoffatomen und einem Sauerstoffatom (H_2O). Demgegenüber enthält Schweres Wasser anstelle des Wasserstoffs das sogenannte Deuterium (D_2O), ein Wasserstoff-Isotop, dessen Atomkerne ein zusätzliches Neutron enthalten – und damit schwerer sind. Ein Liter gewöhnlichen Wassers wiegt etwa 1.000 Gramm, die gleiche Menge Schweren Wassers dagegen rund 110 Gramm mehr.

Wollte man die Probe mit Haushaltsmitteln in der Küche nachstellen, könnte man zwei verschlossene Strohhalme voll Wasser in eine undurchsichtige Trinkflasche mit Saft stellen. Die entscheidende Frage für Paul Lauterbur war: Konnte er durch gezieltes Anregen des Kernspins ein Bild der verschiedenen Flüssigkeiten gewinnen? Ließ sich mithilfe des Magnetfelds und der Radiowellen die Probe durchleuchten, ohne dass er sie öffnen oder energiereiche Strahlung hindurchschicken musste?

Zu diesem Zweck legte Lauterbur Magnetfelder mit verschiedenen Gradienten an – er schuf sozusagen Erhebungen auf einer Tanzfläche, durch die jeweils bestimmte Teile der großen Tänzerschar hervorgehoben wurden. So gelang es ihm, gezielt an verschiedenen Stellen in seiner Probe die Atomkerne zum Abstrahlen von Radiosignalen anzuregen. Durch das Auslesen der Signale gewann er ein Bild vom Inneren der Probe – mit kaum mehr als einem geschickt geformten Magnetfeld und einer Radioantenne. Mich begeistert vor allem der Größenunterschied zwischen dem Versuchsaufbau und dem Untersuchungsgegenstand. Lauterburs Radiowellen hatten eine Wellenlänge von fünf Metern, und seine Magnetfelder waren auf rund 100 Mikrometer genau geformt. Die untersuchten Atomkerne messen jedoch nur wenige Milliardstel eines Mikrometers!

Lauterbur nannte sein Verfahren »Zeugmatografie«, abgeleitet vom altgriechischen Wort für »zusammenfügen«. Er schlug vor, die Technik zum Aufspüren von Tumorzellen inmitten von gesundem, lebendem Gewebe einzusetzen. Herkömmliche Röntgenbilder konnten dies kaum leisten, da sie zwar scharfe Bilder von Knochen machen konnten, aber kaum zur Untersuchung des weichen Gewebes geeignet waren.

Eine ganz ähnliche Idee hatte auch der geschäftstüchtige Arzt und Erfinder Raymond Damadian 1971 in »Science« veröffentlicht. Er meinte damals, mithilfe der altbekannten Kernresonanzspektroskopie Tumorzellen in Gewebeproben krebskranker Mäuse identifiziert zu haben. Vor allem zeigte er als Erster, dass sich verschiedene Gewebetypen wie Muskeln, Fett und Organe bei den Messungen deutlich unterschieden. Schnell wuchsen Lauterburs und Damadians Ideen zur Grundlage der heutigen MRT zusammen. Der Physiker Peter Mansfield veröffentlichte 1976 mit dem Querschnitt eines Fingers das erste MRT-Bild eines menschlichen Körperteils. Damadian legte 1977 mit dem Querschnitt eines Brustkorbs nach.

Es kam, wie es unter Männern der 1970er kommen musste: Anstatt sich den Erfolg zu teilen, machten Lauterbur und Damadian die Frage um das Vorrecht auf die Erfindung zu einer endlosen öffentlichen Schlammschlacht. Lauterbur verschwieg wiederholt die entscheidenden Vorarbeiten Damadians, die seine Entwicklung des MRT erst möglich gemacht hatten. Damadian wehrte sich anwaltlich und lautstark gegen Veröffentlichungen, in denen er seiner Meinung nach zu kurz kam. Er verklagte außerdem ein halbes Dutzend Konzerne auf die Verletzung seiner Patente. Er erstritt etliche Millionen Dollar in Gerichtsverfahren, die sich über Jahrzehnte hinzogen und sogar den Obersten Gerichtshof sowie den US-Kongress beschäftigten.

Auffallend lange wurde die Erfindung des MRT nicht mit einem Nobelpreis geehrt, obwohl sie die Auszeichnung zweifellos verdient hatte. Beobachter schrieben dies der angriffslustigen und prozessfreudigen Art Damadians zu, dessen heiligen Zorn sich niemand einhandeln wollte, der über das richtige Maß an Anerkennung für ihn und seine Kollegen zu entscheiden hatte. Zu allem Überfluss war Damadian nicht nur ein streitsüchtiger wissenschaftlicher Außenseiter, sondern auch noch ein bekennender Kreationist: ein Anhänger der wörtlichen Auslegung der Bibel, wonach die Erde und alles Leben vor rund 6000 Jahren aus einem sechstägigen, stufenweisen Schöpfungsakt hervorgegangen sein soll. Diese offene Verachtung aller Geologie, Astrophysik und Biologie damit zu adeln, dass ihr Vertreter die höchste Auszeichnung für Medizin erhielt, dürfte dem Nobelpreiskomitee gar nicht geschmeckt haben.

Als der Medizin-Nobelpreis im Jahr 2003 schließlich doch für die Erfindung des MRT an Lauterbur und Mansfield verliehen wurde – und Damadian leer ausging – verlor er vollends die Fassung. Damadian zog mit ganzseitigen Zeitungsanzeigen – die ihn gerüchtehalber einen sechsstelligen Betrag kosteten – gegen die Entscheidung zu Felde. Sie trugen die Überschrift: »Der diesjährige Medizin-Nobelpreis: Das schandvolle Unrecht, das wiedergutzumachen ist«. Manche der Anzeigen enthielten sogar eine Vorlage für einen Protestbrief zum Ausschneiden, komplett mit Postanschrift und Telefonnummer des Nobelkomitees in Schweden.

Die Kampagne war offensichtlich aussichtslos: Trotz aller Skandale und Proteste ist in der Geschichte der Nobelpreise noch nie eine Auszeichnung zurückgenommen oder abgeändert worden; die Statuten der Nobelstiftung lassen dies ausdrücklich nicht zu. Damadians Kreuzzug brachte ihm nur weiteren Zorn und Spott aus der wissenschaftlichen Gemeinschaft ein.

Inzwischen hat Damadian seine Konkurrenten Lauterbur und Mansfield überlebt. Schon im Jahr vor der Verleihung des Nobelpreises hatte er in einem Zeitungsinterview keinen Zweifel daran gelassen, was er von ihnen hielt: »Wäre ich nicht geboren worden, hätte es dann die MRT gegeben? Ich glaube kaum. Und wäre Lauterbur nicht geboren worden? Dann hätte ich es eben selbst hinbekommen. Früher oder später.«

Die ersten Bilder

Wann immer ich der Geschichte der medizinischen Bildgebung nachgehe, begegnen mir ikonische erste Bilder: etwa die Röntgenaufnahme von 1895, welche Anna Röntgens Handknochen zeigt.

Ein ebenso ikonisches Bild ist die erste Computertomografie-Aufnahme eines menschlichen Gehirns, die 1971 an einem Londoner Krankenhaus entstand. Sie offenbart – wie erhofft – einen Gehirntumor, der wenig später operativ behandelt wurde.

Auch die Magnetresonanztomografie hat ihre berühmten ersten Bilder: die Querschnitte von einem Finger und einem Oberkörper, die Mitte der 1970er-Jahre von Mansfield bzw. Damadian veröffentlicht wurden. Viel mehr fasziniert mich aber Lauterburs frühere Aufnahme zweier nichtssagender, rundlicher Flecken. Sie zeigen das Wasser in zwei kleinen Röhrchen – und nicht das umgebende Schwere Wasser, denn dessen Deuterium-Atomkerne tanzen anders.

Nachdem ich selbst in die Röhre geschoben wurde, habe ich darauf bestanden, die digitalen Daten mit nach Hause zu nehmen. Ich kann mit den Bildern zwar als medizinischer Laie nichts anfangen – doch immerhin sind es die ersten MRT-Aufnahmen aus meinem eigenen Inneren.

9.4. Der ewige Pechvogel

Manchmal liefen früher zu nachtschlafender Zeit im Fernsehen, wenn es sonst nichts zu senden gab, stundenlange Videos von Kaminfeuern. Die habe ich mir ganz gern angeschaut, doch ich hatte dabei immer Pech: Gerade wenn ich abgelenkt war, passierte etwas Aufregendes – etwa, dass ein großes Holzscheit durchbrach. So ein Ärger! Ewig passiert überhaupt nichts, und dann das Beste verpasst.

Doch das ist noch gar nichts gegen die Enttäuschung des wahrscheinlich größten Pechvogels in der Geschichte der Physik: Professor John Mainstone aus Queensland, Australien. Seine jahrzehntelange Arbeit an einem der am längsten laufenden Versuche der Geschichte machte seinen Namen unsterblich – und doch war er zeit seines Lebens zur richtigen Zeit am falschen Ort.

Doch von Anfang an. Jeder Mensch hat gelegentlich Pech im Leben, aber Pech ist auch eine Substanz: ein Destillationsprodukt aus Naturstoffen wie Kohle oder Erdöl, das früher auch beim Straßenbau eingesetzt wurde. Es ist schwarz – pechschwarz. In reiner Form verhält sich Pech ähnlich wie Glas: Bei starker Hitze wird es flüssig und formbar; erkaltet ist es fest und zerbrechlich. Einen kalten Pechklumpen könnte man mit einem Hammer in Stücke schlagen und dächte dabei nie im Leben an eine Flüssigkeit.

Dass kaltes Pech jedoch sehr wohl fließt, wollte der australische Physiker Thomas Parnell im Jahr 1927 mit einem Experiment anschaulich machen. Er war der erste Professor für Physik an der Universität Queensland, die erst 18 Jahre zuvor gegründet worden war. Parnell goss heißes Pech in einen Glastrichter, dessen untere Öffnung versiegelt war. Er ließ das Pech zunächst drei Jahre lang abkühlen und entfernte dann den Stopfen. Das Pech war nun frei, in einen darunter platzierten Behälter abzufließen. Und das tat es auch: Acht Jahre nach dem Öffnen des Trichters fiel der erste Tropfen.

Noch bevor im Jahr 1947 der zweite Tropfen fiel, wurde der Versuch am anderen Ende der Welt kopiert: Ein Angestellter der Universität Dublin in Irland baute dort ein weiteres Pechtropfen-Experiment auf. Es geriet aber in Vergessenheit, bevor auch nur ein Tropfen gefallen war. In Queensland fiel 1954 der dritte Tropfen, ganze 24 Jahre nach dem Beginn des Versuchs.

John Mainstone, der zum Gesicht des Experiments wurde, kam 1961 als junger Dozent für Physik an die Universität Queensland und wurde der Hüter des Pechtropfenexperiments. Während seines Aufstiegs zum Professor fielen in den Jahren 1962 und 1970 der vierte und fünfte Tropfen. Es schien unmöglich, sie dabei zu beobachten: Jahrelang formte sich ein Tropfen, der dann binnen Minuten fiel. Schon ein halbes Jahrhundert lang tropfe das Pech, doch kein Mensch – weder in Australien noch in Irland – hatte es je tropfen sehen.

Als sich im Frühling 1979 in Queensland der sechste Tropfen ankündigte, wollte Mainstone auf der Hut sein. Regelmäßig überprüfte er das Experiment, um den richtigen Moment abzupassen. Doch als er eines Montags zur Arbeit kam, musste er feststellen: Der Tropfen war am Wochenende gefallen. Mainstone ließ sich jedoch nicht entmutigen und blieb dem Experiment treu. Er führte weiter gewissenhaft Protokoll und zeigte Studenten und Gästen den berühmten Versuchsaufbau.

Im Jahr 1984 veröffentlichten Physiker der Universität Queensland eine vorläufige Auswertung der bis dahin gesammelten Daten. In den 54 Jahren seit der Öffnung des Trichters waren sechs Tropfen gefallen. Den Forschern zufolge war das Pech sehr viel zähflüssiger, als es theoretische Berechnungen erwarten ließen. Sie räumten zugleich ein, dass sie viel zu wenig über die Umgebungstemperaturen wussten, denen das Pechtropfenexperiment ausgesetzt war.

Deren Einfluss war entscheidend, denn kaltes Pech fließt sehr viel langsamer als warmes. Die Forscher zogen historische Wetterdaten zum Vergleich heran, doch auch die brachten keine Klarheit. Denn viel wichtiger als die Außentemperatur war die Frage, wie warm oder kalt es im Inneren des Gebäudes gewesen war, welches das Experiment beherbergte – ein halbes Jahrhundert lang im stetigen Wechsel von Tag und Nacht und Sommer und Winter.

Immerhin blieb das Pechtropfenexperiment seinem Rhythmus treu, wonach etwa alle acht Jahre ein Tropfen fiel. Im Jahr 1988 war es Zeit für den siebten. Zu jener Zeit wurde ganz in der Nähe der Universität Queensland eine Weltausstellung abgehalten, wo auch das Pechtropfenexperiment gezeigt wurde. John Mainstone war als Hüter des Versuchs natürlich vor Ort. Seine Pechsträhne riss nicht ab; der siebte Tropfen schon: Er fiel, als Mainstone sich gerade etwas zu trinken holte.

Dem vorherigen Rhythmus folgend wäre der nächste Tropfen etwa im Jahr 1996 zu erwarten gewesen. Doch es kam anders – wegen der großen Temperaturempfindlichkeit des Pechs. Nachdem die Räumlichkeiten der Universität Queensland mit Klimaanlagen ausgestattet worden waren, verlangsamte sich sein Fließen, sodass seitdem nicht wie zuvor acht, sondern nunmehr rund 13 Jahre zwischen zwei Tropfen vergehen.

Für den achten Tropfen, der im Jahr 2000 erwartet wurde, wollte John Mainstone nichts dem Zufall überlassen. Er installierte eine Webcam – Technik, die es zur Zeit des siebten Tropfens noch gar nicht gegeben hatte. Sie sollte laufend Bilder des Pechtropfenexperiments festhalten, sodass das Fallen eines Tropfens zumindest im Nachhinein verfolgt werden konnte. Als es im November 2000 endlich so weit war, befand sich John Mainstone gerade auf Reisen – und die Webcam war ausgefallen.

Die Geschichte dieses haarsträubenden Missgeschicks und des ewigen Pechvogels John Mainstone machte das zuvor praktisch unbekannte Pechtropfenexperiment zu einer weltweit berühmten Kuriosität. Mainstone gab Interviews und veröffentlichte Erklärungen zur Geschichte des Experiments. Er haderte auch öffentlich mit einer Frage, die er als »schreckliches ethisches Dilemma« beschrieb.

Der achte Tropfen war nämlich nicht vollständig heruntergefallen. Das Pech stand im darunter platzierten Behälter bereits so hoch, dass ein dünner Pechfaden den gefallenen Tropfen noch mit dem Trichter verband. Wäre es sinnvoll, diesen Faden abzuschneiden, sodass der neunte Tropfen freie Bahn hatte? Oder wäre dies ein ungebührender Eingriff in den Versuch? Als der achte Tropfen schließlich doch noch von allein abfiel, erübrigte sich die Frage – für dieses Mal.

Das Pechtropfenexperiment wurde 2003 als das am längsten laufende Experiment der Geschichte ins Guinness-Buch der Rekorde aufgenommen.[20] Im Jahr 2005 wurde John Mainstone für seine Verdienste um das Pechtropfenexperiment sogar der Ig-Nobelpreis verliehen: eine augenzwinkernde wissenschaftliche Auszeichnung für »Errungenschaften, die erst zum Lachen und dann zum Nachdenken anregen«.

Die Aufmerksamkeit für das Pechtropfenexperiment beförderte auch den Schwester-Versuch in Europa aus der Vergessenheit. Das Exemplar in Dublin wurde entstaubt und unter digitale Überwachung gestellt, genau wie das Original in Queensland – diesmal mit einer Webcam, deren Funktion ständig überprüft wurde. Es zeichnete sich ab, dass bei beiden Pechtropfenexperimenten ungefähr im Jahr 2013 der nächste Tropfen fallen würde – und Menschen zum ersten Mal seit einem Jahrhundert tatsächlich dabei zuschauen konnten.

Im Internet bildete sich eine kleine Fangemeinde um die beiden Experimente. Sie waren ein kulturelles Phänomen: unverfälschte, geschichtsträchtige Verkörperungen der Langsamkeit, Tag und Nacht zugänglich für jeden und jede im schnelllebigen, weltweiten Netz. Der Pechtropfen in Irland hatte knapp die Nase vorn: Er fiel im Juli 2013 vor laufenden Webcams und löste weltweite Begeisterung und Berichterstattung aus.

---

20 Als Kind erschien mir das Guinness-Buch der Rekorde wie eine hochoffizielle Angelegenheit, gehütet von den Vereinten Nationen. Erst spät verstand ich, dass es bloß eine Werbemaßnahme der Brauerei des »Guinness«-Biers ist. Ich habe meine Enttäuschung noch immer nicht ganz verwunden – auch wenn ich heute ganz gern Guinness trinke.

In Queensland fiel der neunte Tropfen wenig später, im April 2014. Doch wie schon der vorherige riss er nicht vollständig ab, sondern sank langsam auf die Überreste des achten Tropfens hinab. Erst eine eingehende Auswertung der Webcam-Aufnahmen stellte später fest, dass es der 12. April 2014 war, an dem der neunte Tropfen den darunter liegenden achten berührt hatte. Leider kam der neunte Tropfen nach all den Jahren für einen zu spät: John Mainstone war wenige Monate zuvor gestorben, nach 52 Jahren als Hüter des Pechtropfenexperiments.

Sein Nachfolger, der Physik-Professor Andrew White, unternahm 2014 schließlich das, wovor John Mainstone im Jahr 2000 zurückgeschreckt war: Er wollte den Trichter höher stellen, um dem noch immer festhängenden neunten Tropfen mehr Platz zum Fallen zu verschaffen. Beim Anheben der Glasglocke über dem Versuch löste sich jedoch eine Dichtung, von der niemand gewusst hatte. Das Experiment setzte unsanft auf dem Tisch auf – und der neunte Tropfen brach endgültig ab.

Immerhin konnte das Experiment nun von allem Pech befreit werden, das in den vorangegangenen 87 Jahren durch den Trichter geflossen war. Der zehnte Tropfen bildet sich seitdem ungestört über einem leeren Behälter, wie es der erste ab 1930 getan hatte. Doch Andrew White stellte 2014 erschrocken fest, dass dieser zehnte Tropfen sich viel schneller formte, als es alle vorherigen Beobachtungen vermuten ließen.

Die Ursache lag in der neuerlichen Berühmtheit des Experiments: Für die Live-Übertragung ins Internet musste der Versuch permanent beleuchtet werden. Die Halogen-Lampen, die dafür installiert worden waren, heizten das Pech im Trichter um mehrere Grad über die Raumtemperatur auf, wodurch es viel schneller floss. White veranlasste, dass die Halogenstrahler durch LED-Lampen ersetzt wurden, die das Pech nicht beeinflussen.

Sowohl in Australien als auch in Irland wird der nächste Tropfen um das Jahr 2025 erwartet. Aus Dublin, wo das Pechtropfenexperiment in einer Bibliothek ausgestellt ist, gibt es zur Zeit keine Live-Übertragung. Doch in Australien läuft die Kamera ununterbrochen in einem Foyer der Universität Queensland. Während ich diese Zeilen schreibe, schaue ich gleichzeitig mit 16 weiteren Menschen live dem Pech beim Fließen zu.[21]

Im Hintergrund der Übertragung flimmern Hinweise zur Maskenpflicht wegen der weltweiten Pandemie über Info-Bildschirme der Universität. Links neben dem Trichter steht ein laufender Taschenwecker, zur Kontrolle der Live-Übertragung. Rechts davon der alte Pech-Behälter, mit den immer noch deutlich erkennbaren Tropfen von 2014, 2000 und 1988. In der Bildmitte, an der Öffnung des Trichters hängt der inzwischen stolze zehnte Tropfen.

Und ganz unten links in der Ecke: der Name des sympathischen, beharrlichen Pechvogels, der zur Seele des Experiments wurde – »Gewidmet Professor John Mainstone 1935–2013«.

---

21 Die Internetadresse lautet www.thetenthwatch.com – frei übersetzt: »die Wacht für den Zehnten«.

Kapitel 10

Epilog: Wer im Treibhaus sitzt

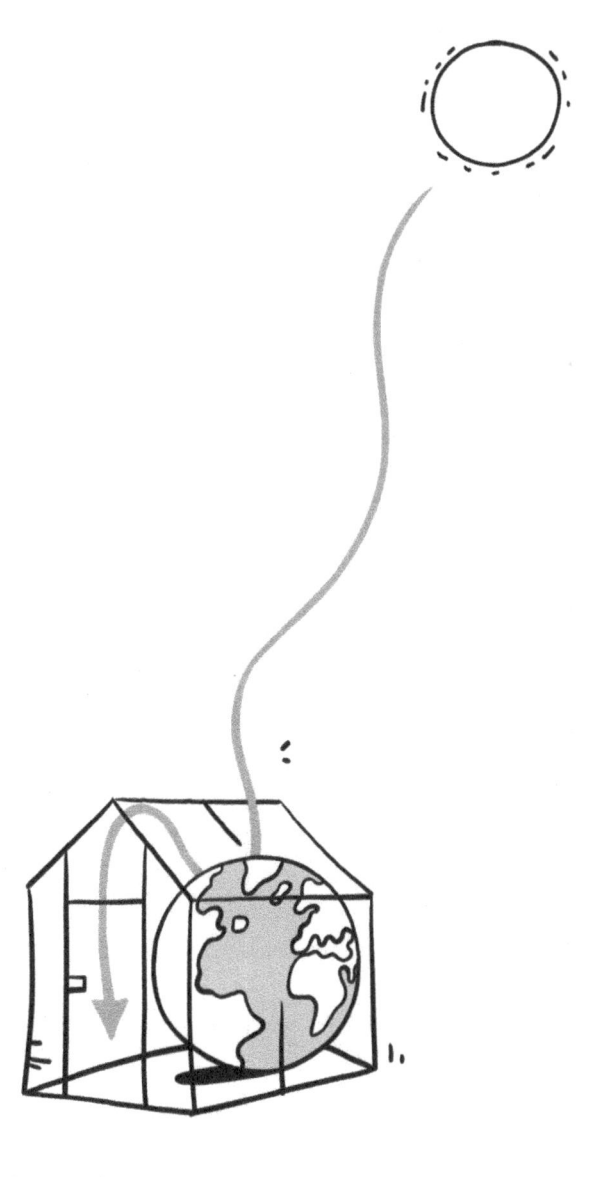

Auf dem Kurznachrichtendienst Twitter habe ich in meinem Profil mein Alter angegeben – aber nicht in Form meines Lebensalters in Jahren oder meines Geburtsdatums. Stattdessen bin ich dem Beispiel vieler anderer Nutzerinnen und Nutzer gefolgt und schreibe: Geboren bei 349 ppm.

Die Angabe bezieht sich auf die Konzentration von Kohlendioxid in der Erdatmosphäre. »ppm« steht für »parts per million« und beschreibt, wie viele Kohlendioxid-Moleküle im Durchschnitt in einer Million Luftmolekülen stecken. Sie eignet sich als eine Art Kalender für die jüngere Vergangenheit – denn seit Mitte des 19. Jahrhunderts steigt dieser Wert praktisch ununterbrochen.

Damals passierten, mehr oder weniger zufällig, zwei Dinge beinahe zeitgleich: Die Physik verstand erstmals, welche enorme Bedeutung die Gase in der Atmosphäre für das Klima auf der Erde haben. Und die Menschheit begann im Zuge der Industrialisierung, ebendiese Zusammensetzung der Luft weltweit und dauerhaft zu verändern.

Angestachelt von einer Peinlichkeit entwickelte sich in der ersten Hälfte des 19. Jahrhunderts das brandneue Forschungsfeld der Wärmelehre. Denn während die Dampfmaschine längst die Wirtschaft revolutionierte, konnte die Wissenschaft nicht erklären, wie dieses technische Wunder überhaupt funktionierte. Die althergebrachten Vorstellungen von Wärme, Temperatur und der Natur des Feuers waren dafür zu primitiv.

Der erste Triumph dieser neuen physikalischen Disziplin, die heute Thermodynamik heißt, war die theoretische Erklärung der Dampfmaschine. Die Erkenntnisse erklärten auch andere Phänomene wie Feuer oder das Gefrieren von Wasser erstmals zutreffend. Einer, der sich ausgiebig mit der neuen Theorie befasste, war der französische Mathematiker und Physiker Joseph Fourier.

Er hatte sich einem theoretischen Problem gewidmet, das einfach klingt, aber doch kompliziert ist: dem Erwärmen und Abkühlen von Kugeln. Kalte Kugeln in heißer Luft, heiße Kugeln in kalten Flüssigkeiten, drehende Kugeln neben einer Wärmequelle – Fourier rechnete alle erdenklichen Kombinationen und Feinheiten des Problems durch. Voller Stolz wandte Fourier seine theoretischen Erkenntnisse dann auf die bedeutendste aller Kugeln an: den Planeten Erde.

Er berechnete die Erwärmung durch die Sonnenstrahlung abhängig von der Drehung der Erde und den Jahreszeiten. Fourier berücksichtigte sogar richtigerweise, dass das Innere der Erde noch ursprüngliche Hitze von der Entstehung des Sonnensystems beherbergt. Doch seine Berechnungen lieferten ein irritierendes Ergebnis, das offensichtlich falsch sein musste.

Denn sie ergaben: Die Erde müsste durch und durch gefroren sein. Mit einer Durchschnittstemperatur von deutlich unter 0 °C wäre es so kalt, dass es nicht einmal flüssige Ozeane geben dürfte, geschweige denn pflanzliches oder tierisches Leben. Schon ein Blick aus dem Fenster genügte Fourier als Beweis, dass er etwas Entscheidendes übersehen haben musste.

Fouriers Lösungsvorschlag war kreativ, aber vollkommen falsch. Er vermutete, dass das Licht der zahlreichen fernen Sterne am Himmel unseren Planeten zusätzlich aufheizt und so für lebensfreundliche Temperaturen sorgt. Heute wissen wir, dass die Erde nicht von einer solchen »kosmischen

Heizung« profitiert: Ferne Sterne und Galaxien strahlen viel zu schwach, um unser Klima zu bestimmen.

Die Frage bleibt also: Warum bietet uns die Erde einen gemütlich warmen Lebensraum, voll von flüssigem Wasser? Die Strahlung der Sonne und die im Erdinneren gespeicherte Wärme sind dafür eigentlich zu schwach. Fourier, der 1830 starb, erlebte die Auflösung dieses Rätsels nicht mehr. Sie wurde erst um das Jahr 1860 gefunden und zwar zuvorderst von einem irischen Forscher namens John Tyndall.

Tyndall war Professor für Physik an der Royal Institution in London. Er war überdies ein begabter Bergsteiger, der viel Zeit in den Alpen verbrachte und als Erster das Weisshorn bestieg. Das besondere Wetter und die klare Luft in den Bergen regten ihn zum Nachdenken an: Welchen Einfluss hat unsere Luft auf den Wärmehaushalt der Erde? Durchdringt Wärmestrahlung die Atmosphäre genauso mühelos, wie das Sonnenlicht es tut?

Die Wärmestrahlung – heute auch Infrarotstrahlung genannt – war erst wenige Jahrzehnte zuvor entdeckt worden. Sie ist eine Form elektromagnetischer Strahlung, genau wie sichtbares Licht. Ihre Wellenlänge ist jedoch größer, weshalb Wärmestrahlung für uns unsichtbar ist. Wir können sie unter Umständen trotzdem wahrnehmen: als Wärme, die uns aus der Entfernung erreicht.

Im Alltag erleben wir ständig verschiedene Formen der Wärmeübertragung. Die wichtigsten sind die Wärmeleitung durch Berührung (etwa beim Anfassen eines Heizkörpers) und die Konvektion durch bewegte, warme Luft (beispielsweise im Backofen). Infrarotstrahlung begegnet uns seltener, etwa bei Heizlampen.

Besonders eindrucksvoll wirkt die Wärmestrahlung bei einem großen Lagerfeuer im Freien. Auch in einiger Entfernung wärmt uns das Feuer noch – obwohl wir es weder berühren, noch Luft vom Feuer zu uns strömt. Die Wärme wird stattdessen durch Infrarotstrahlung übertragen. Das zeigt auch ein kleines Experiment sofort: Hält man am Feuer die Hand vors Gesicht, so wird schlagartig das Gesicht kalt und die Hand warm – denn die Infrarotstrahlung des Feuers trifft dann unsere Hand anstelle des Gesichts.

Um zu verstehen, wie Infrarotstrahlung unseren Planeten beeinflusst, fehlt noch die andere Seite der Medaille: nämlich dass jeder Körper auch selbst Wärmestrahlung abgibt. Das gilt sogar für unsere eigenen Körper: Ein erwachsener Mensch gibt laufend Wärmestrahlung mit einer Leistung von rund 100 Watt ab. Weil diese Strahlung für uns unsichtbar ist, sind wir uns ihrer fast nie bewusst. Anwendung findet sie in manchen Nachtsichtgeräten: Sie können beispielsweise einen vermissten Menschen in weitläufigem Gelände anhand seiner Wärmestrahlung aufspüren, obwohl es stockdunkel ist.

Auch unbelebte Gegenstände geben Wärmestrahlung ab. Dies macht sich beispielsweise eine Energieberatung bei einem Wohnhaus zunutze: Mit einer Kamera, die Infrarotstrahlung sichtbar macht, wird eine Hausfassade betrachtet. Mal angenommen, ein schlecht gedämmtes Fenster verliert Wärme an die Außenwelt: Dann ist das Fenster wärmer als die umgebende Hauswand. Weil es deshalb auch mehr Wärmestrahlung abgibt, leuchtet es im Bild einer Infrarot-Kamera auf.

Auch die Forscherinnen und Forscher des 19. Jahrhunderts kannten diese Eigenschaften der Wärmestrahlung, zumindest in Grundzügen. Sie ergaben das Bild von der Erwärmung der Erde, welches auch schon Fourier vor Augen gehabt hatte: Die Sonne schickt uns das vertraute und geliebte Sonnenlicht. Es trägt Wärmeenergie mit sich und heizt unseren Planeten auf. Dadurch wird die Erde selbst zum Wärmestrahler, die hinaus ins All strahlt.[22]

Sonnenlicht rein; Erde erwärmt sich; Wärmestrahlung raus. Nach dieser simplen Formel müsste sich ein dauerhaft gleichbleibendes Klima einstellen. Joseph Fourier hatte die Durchschnittstemperatur dieses Klimas berechnen wollen und war von dem Rechenergebnis einer viel zu eisigen Erde überrascht worden. Fourier hatte das Rätsel nicht lösen können – John Tyndall wollte es besser machen.

Er stellte sich die Frage: Was macht unsere Luft eigentlich genau mit der Wärmestrahlung von der Erde? Wird sie verschluckt oder durchgelassen, abgefangen oder zurückgeworfen? Klar ist, dass das Sonnenlicht auf dem Weg zum Erdboden problemlos durch unsere Atmosphäre dringt (wenn sie nicht gerade von Wolken verhangen ist). Doch gilt dasselbe auch für die Wärmestrahlung von der Erde in der umgekehrten Richtung?

Um diese Frage zu klären, konstruierte Tyndall in mehrjähriger Arbeit einen genialen Versuchsaufbau. Sein Kernstück war ein Zinnrohr, durch das Wärmestrahlung hindurchfliegen sollte. Das Rohr konnte luftleer gepumpt werden, sodass die

---

[22] Hier besteht eine gewisse Gefahr durcheinanderzukommen. Denn das sichtbare Sonnenlicht erwärmt die Erde, obwohl es keine eigentliche »Wärmestrahlung« ist. Die Sonne schickt uns auch Wärmestrahlung, jedoch nur zu einem geringen Anteil. Für diese Geschichte reicht es, sich diese Faustregel zu merken: Sonnenlicht rein; Erde erwärmt sich; Wärmestrahlung raus.

Strahlung ungehindert durch ein Vakuum flog. Alternativ konnte Tyndall verschiedene Gase ins das Rohr füllen. Der Vergleich mit dem Vakuum barg die Antwort auf die entscheidende Frage: nämlich, ob ein bestimmtes Gas Wärmestrahlung eher verschluckte oder eher passieren ließ.

Auf dem Weg dorthin musste Tyndall jedoch einen ganzen Haufen technischer Schwierigkeiten überwinden. Wie konnte das Rohr luftdicht gemacht werden und dennoch Wärmestrahlung durchlassen? Tyndall experimentierte mit Verschlüssen aus Steinsalz, das für Wärmestrahlung durchlässig ist. Er hatte große Mühe, an ausreichend große und reine Stücke zu kommen; letztlich konnte er sie aus dem British Museum sowie aus Deutschland auftreiben. Um die Salzplatten luftdicht mit dem Zinnrohr zu verbinden, entschied sich Tyndall nach zahlreichen Versuchen für Dichtungen aus vulkanisiertem Kautschuk, die er mit einer Mischung aus Bienenwachs und Walrat einrieb.

Die nächste Herausforderung: die Menge an Wärmestrahlung, die durch das Rohr flog, genau zu vermessen. Ein passendes Instrument für diesen Zweck existierte damals noch nicht, sodass Tyndall es selbst entwickeln musste. Er machte sich dafür den thermoelektrischen Effekt zunutze, der einige Jahrzehnte zuvor entdeckt worden war. Dieser Effekt sorgt für eine elektrische Spannung in einem Stück Metall, wenn es eine bestimmte Zusammensetzung hat und eine ungleichmäßige Erwärmung erfährt. Das bedeutet: Wird ein Ende des Metallstücks erwärmt und das andere nicht, entsteht eine elektrische Spannung, die messbar ist.

So verwandelte Tyndall das Problem, Wärmestrahlung zu messen, in die simple Aufgabe, eine elektrische Spannung zu bestimmen. Hierfür gab es bereits ausgereifte Instrumente namens Galvanometer, auf die er zurückgreifen konnte. Und selbst diese Instrumente konnte Tyndall noch verbessern: Er stellte in kleinteiligen Versuchen fest, dass gängige Galvanometer magnetische Teile hatten, obwohl dies die Messergebnisse verfälsche. Tyndall ging der Sache nach und fand heraus, dass die fraglichen Teile zur elektrischen Isolation mit grünen Seidenfäden umwickelt waren – und die grüne Farbe einen magnetischen Eisenanteil hatte. Tyndall ersetzte den grünen Faden durch ungefärbte, weiße Seide – und das Messgerät funktionierte perfekt.

Als möglichst zuverlässige Wärmequelle setzte Tyndall auf Metallbehälter mit kochendem Wasser, das sich relativ leicht bei konstanten 100 °C halten ließ. Um möglichst genau zu bestimmen, wie viel Wärmestrahlung ein Gas verschluckte, baute Tyndall gleich zwei dieser Wärmequellen auf. Sie erwärmten sein Messgerät von zwei Seiten: Auf einer Seite empfing das thermoelektrische Metall die Wärmestrahlung direkt. Auf der anderen Seite passierte die Wärmestrahlung erst die Röhre, die mit einem beliebigen Gas gefüllt sein konnte.

Tyndall justierte den Versuchsaufbau zunächst mit der luftleer gepumpten Röhre, sodass das Messgerät aus beiden Richtungen gleich stark erwärmt wurde. So zeigte der Spannungsmesser anfänglich keinen Ausschlag. Erst wenn die Röhre mit einem Gas gefüllt wurde, verschluckte es einen Teil der Wärmestrahlung. Das Messgerät empfing nun aus Richtung der Röhre weniger Wärmestrahlung, sodass es sich dort einseitig abkühlte. Dieser Temperaturunterschied zwischen den beiden Seiten des thermoelektrischen Elements machte sich als Ausschlag im Galvanometer bemerkbar.

Endlich konnte Tyndall mit der systematischen Überprüfung verschiedener Gase starten. Die erste große Überraschung: Stickstoff und Sauerstoff, welche den größten Teil unserer Luft ausmachen, reagierten fast überhaupt nicht auf Wärmestrahlung. Auch normale Umgebungsluft schien Wärmestrahlung nahezu ungehindert passieren zu können – aber nur unter einer Bedingung: Tyndall musste sie von Luftfeuchtigkeit befreien. Enthielt die Luft hingegen noch den üblicherweise vorhandenen Anteil an Wasserdampf, so wurde ein großer Teil der Wärmestrahlung verschluckt.

Als Tyndall die Ergebnisse seiner Versuche 1861 unter dem Titel »Über die Absorption und Abstrahlung von Wärme durch Gase und Dämpfe« veröffentlichte, betonte er die Bedeutung von Wasserdampf ganz besonders. Aus ihr zog Tyndall »Schlussfolgerungen von großer Bedeutung«: nämlich, dass die altbekannte Formel »Sonnenlicht rein; Erde erwärmt sich; Wärmestrahlung raus« unvollständig war.

Denn die Wärmestrahlung von der Erde entweicht nicht einfach in den Weltraum, wie es Joseph Fourier Jahrzehnte zuvor angenommen hatte. Vielmehr wird sie vom Wasserdampf in der Atmosphäre abgefangen und teilweise zurückgehalten. Durch das Verschlucken der Wärmestrahlung heizt sich der Wasserdampf nämlich auf und gibt seinerseits wieder Wärmestrahlung ab – die zum Teil auch zurück nach unten auf die Erde gerichtet ist.

Kurz gesagt: Tyndall entdeckte, dass sich der Wasserdampf in der Erdatmosphäre wie eine Wärmedecke um unseren Planeten schmiegt und ihn vor dem Auskühlen bewahrt. Er hatte das alte Rätsel gelöst, an dem Fourier gescheitert war: Warum hat die Erde ein lebensfreundliches Klima, obwohl die Sonnenstrahlung dafür eigentlich zu schwach ist? Die Antwort liegt in der Fähigkeit von Wasserdampf, die Wärme auf unserem Planeten zurückzuhalten. Heute nennen wir diese segensreiche Erscheinung den Treibhauseffekt.[23]

Doch Tyndall untersuchte noch viele weitere Stoffe. Neben einigen exotischen Gasen und Dämpfen widmete er sich auch einem kleinen, natürlichen Bestandteil unserer Luft: dem Kohlendioxid mit einem Anteil von etwa 0,028 Prozent aller Moleküle in der Atmosphäre. In reiner Form isoliert, so stellte Tyndall fest, verschluckte auch Kohlendioxid einen großen Anteil der Wärmestrahlung, die er hindurchschickte.

Sein Fazit: Der Wasserdampf leistet den wichtigsten Beitrag dazu, die Wärme der Sonne auf der Erde festzuhalten. Doch auch Kohlendioxid trägt zu diesem Effekt bei – und sollte sich die Menge eines dieser Stoffe in der Erdatmosphäre dauerhaft verändern, so müsste dies einen Wandel des Klimas nach sich ziehen.

Dank dieser Erkenntnisse gilt John Tyndall seit langer Zeit als Entdecker des Treibhauseffekts. Erst vor Kurzem wurde die Arbeit einer Forscherin wiederentdeckt, die schon ein paar Jahre vor Tyndall zu ähnlichen Erkenntnissen gekommen war. Die im US-Bundesstaat New York lebende Eunice Newton Foote präsentierte im Jahr 1856 – also fünf Jahre vor Tyndall – einen Bericht über Experimente, die sie mit gläsernen Röhren durchgeführt hatte, welche mit verschiedenen

---

23 Der Name ist irreführend, denn ein echtes Treibhaus funktioniert anders. Dort hindert ein Glasdach die von der Sonne erwärmte Luft am Aufsteigen, sodass sich Wärme aufstaut. Beim Treibhauseffekt in der Erdatmosphäre ist die Luft aber frei beweglich, und es wird vielmehr die Wärmestrahlung zurückgehalten.

Gasen gefüllt waren. Sie hatte die Röhren abwechselnd ins Sonnenlicht und in den Schatten gehalten und dabei die Temperatur in ihrem Inneren im Laufe der Zeit aufgezeichnet.

Doch Foote war in mehrfacher Hinsicht benachteiligt: Als Frau wurde sie in der damaligen Gesellschaft kaum ernst genommen, erst recht nicht als Wissenschaftlerin. Anders als andere Forscher durfte sie ihre Ergebnisse auf einer Konferenz nicht selbst präsentieren, sondern musste sich von einem Mann vertreten lassen. Und obwohl ihre Arbeit vor der Fachwelt präsentiert wurde, wurde sie nicht so gründlich dokumentiert und weiterverbreitet wie die meisten anderen. Zu allem Überfluss galten die USA damals noch als unbedeutender Außenseiter unter den Forschungsstandorten (was auch die US-Astronomen nach der Entdeckung des Neptun geärgert hatte: Kapitel 7.2.). Zudem war die Kommunikation über den Atlantik hinweg schwierig, sodass Footes Arbeit umso schlechtere Chancen hatte, in London Beachtung zu finden.

Wahrscheinlich schrieb Tyndall deshalb 1861 wahrheitsgemäß, dass ihm keine anderen Arbeiten bekannt waren, die mit seiner eigenen vergleichbaren wären. Für gewöhnlich erkannte Tyndall die Leistungen von Kolleginnen und Kollegen stets bereitwillig an – die Arbeit von Eunice Foote dürfte ihn schlicht nicht erreicht haben.

Die Experimente von Eunice Foote waren weit weniger genau und lange nicht so aussagekräftig wie die von Tyndall. Doch sie brachten Foote zu ähnlichen Schlussfolgerungen: Die Luftfeuchtigkeit, so schrieb sie, habe einen entscheidenden Einfluss auf die Temperatur der Luft. Und: Die Fähigkeit von Kohlendioxid zum Einfangen von Wärme sei so beträchtlich, dass es auf der Erde wesentlich wärmer sein müsste, wenn der Anteil von Kohlendioxid in der Luft höher wäre.

So prophetisch diese Überlegungen für uns heute auch klingen: Foote und Tyndall dachten dabei mit großer Sicherheit nicht an die nahe Zukunft, sondern eher an die ferne Vergangenheit. Denn die Geologie lieferte damals gerade erste Hinweise auf zurückliegende Warm- und Eiszeiten auf der Erde – und die Wissenschaftswelt fragte sich, wie es dazu gekommen sein mochte.

Doch die dramatische Entwicklung, von der damals noch niemand wusste, war bereits im Gange. Mit dem Siegeszug der Dampfmaschine und der immer rasanteren Industrialisierung verbrannte die Menschheit mehr und mehr Holz und Kohle und später auch Öl und Erdgas. Dadurch wurde – und wird – Kohlendioxid in einem Maße freigesetzt, wie es die natürlichen Prozesse auf der Erde nicht mehr einfangen können. Seitdem steigt der Anteil von Kohlendioxid an unserer Luft beinahe ununterbrochen.

Zu Footes und Tyndalls Zeiten hatte der Anteil seit Jahrtausenden nahezu unverändert etwa 0,028 Prozent aller Moleküle betragen – oder auch 280 ppm. Die Generation meiner Eltern wurde gut 100 Jahre später schon bei rund 320 ppm geboren. Als ich auf die Welt kam, betrug der Wert 349 ppm. Zur Geburt meiner kleinen Tochter waren es 407 ppm. Während ich diese Zeilen schreibe, liegt der Wert bei 417 ppm.

Die rasche, weltweite Erwärmung des Klimas mit all ihren dramatischen Folgen ist ohne jeden Zweifel auf diesen fortwährenden Anstieg zurückzuführen. Indem die Menschheit immer mehr Treibhausgase wie Kohlendioxid und Methan freisetzt, sägt sie sich ihre eigene Lebensgrundlage auf dem

Planeten ab. Denn die Lebensräume von Milliarden von Menschen und der Wohlstand, den wir genießen, sind in einem immer wärmeren Klima bedroht durch den ansteigenden Meeresspiegel und immer häufigere Extremwetterereignisse. Tiefgreifende Veränderungen in den Ozeanen, den Polarregionen und den Regenwäldern können ganze Ökosysteme zusammenbrechen lassen, von denen auch unsere Versorgung mit Lebensmitteln abhängt.

Der Weg aus der Misere ist klar: Das Freisetzen von Kohlendioxid und anderen Treibhausgasen muss aufhören. Praktisch alle Länder der Welt haben sich mit dem Pariser Abkommen von 2015 dazu verpflichtet – als der Anteil von Kohlendioxid in der Atmosphäre gerade auf 400 ppm zusteuerte. Seitdem ist das Wachstum jedoch nach wie vor ungebremst.

Der Name von John Tyndall – und immer häufiger auch der von Eunice Newton Foote – ist fest mit der Einsicht verbunden, dass wir dem Treibhauseffekt einen lebenswerten Planeten verdanken. Zugleich sollte uns diese Entdeckung eine Mahnung sein, dass wir als Menschheit nicht über die Naturgesetze erhaben sind.

Mit dem Namen John Tyndalls als angesehenem Bergsteiger und Gletscherforscher sind außerdem auch einige Orte verbunden, wie er sie selbst gern besuchte: Es gibt jeweils einen »Tyndall-Gletscher« in Alaska, Colorado und Patagonien. Sie alle sind im Abschmelzen begriffen – eine Folge der Erderwärmung.

Kapitel 11

Bonuskapitel

Liebe Leserin, lieber Leser! In diesem Buch haben wir einige Höhen und Tiefen erlebt: Triumphe und Niederlagen der Wissenschaft, glückliche und traurige Lebensgeschichten, einleuchtende und verwirrende Erkenntnisse über die Welt um uns herum.

Die 30 abenteuerlichen Experimente aus dem Untertitel dieses Buches liegen nun hinter uns. Doch ich möchte noch eine weitere Geschichte erzählen – gewissermaßen außer Konkurrenz. Sie liegt mir besonders am Herzen, weil die Arbeit daran über alle Maßen haarsträubend und langwierig war.

Bei der Beschreibung dieses Experiments, das die Welt der Physik in mehrerlei Hinsicht umkrempelte, spielen spiralförmig aufgewickelte Magnetspulen und ihre spiegelbildliche Umkehrung eine zentrale Rolle. Als mich beim Schreiben meine Vorstellungskraft im Stich ließ, bog ich deshalb eine Büroklammer zur Spirale und stand damit – sehr zur Belustigung meiner Frau – eine ganze Weile nachdenklich vorm Spiegel.

Die Früchte dieser Mühen kann ich Ihnen unmöglich vorenthalten. Ich hoffe, dass dieses Buch Ihnen ebenso viel Freude bereitet hat wie mir. Wenn Sie mehr möchten, schauen Sie doch nach meinen weiteren Büchern, Podcasts und Auftritten auf:

www.michael-bueker.de

11.1. Spieglein, Spieglein im Labor

Was sagt Ihnen ein Blick in den Spiegel? Ich denke meist, dass mein Bart etwas gepflegter aussehen könnte, oder dass sich mein Zopfgummi mal wieder gelockert hat. Manchmal erfreut uns ein Blick in den Spiegel und manchmal nicht. Doch ob Zottelbart oder gewagtes Outfit: Unserem Spiegelbild müssen wir uns stellen.

Was wir im Spiegel sehen, ist schließlich die Wirklichkeit – nur seitenverkehrt. Mein Gegenüber im Spiegel trägt vielleicht die Uhr am anderen Arm, doch nie wären es mehr Uhren – oder gar mehr Arme. Ein Spiegelbild lügt nicht.

Dieser Grundsatz gilt jedoch nicht in der seltsamen Welt der kleinsten Teilchen, wo die Gesetze der Quantenphysik herrschen. Dies zeigte erstmals das legendäre Wu-Experiment von 1956. Es gilt vielen als einer der faszinierendsten Versuche in der Geschichte der Physik.

Dummerweise bringt er jedoch auch unsere Vorstellungskraft an ihre Grenzen. Schon so mancher Physikstudentin und manchem Autor hat die Beschreibung dieses Experiments das Hirn verknotet. Nähern wir uns dieser physikalischen Revolution also langsam, Schritt für Schritt!

Stellen wir uns eine spiralförmige Murmelbahn in einem Kinderzimmer vor. Auf ihr rollt eine Murmel hinab und beschreibt – der Bahn folgend – eine weite Linkskurve. Würden wir diese Murmelbahn im Spiegel betrachten, so sähen wir etwas leicht anderes: nämlich eine Murmel, die einer Rechtskurve folgt. Das würde uns jedoch nicht weiter irritieren, denn rechtsdrehende Murmelbahnen gibt es schließlich wirklich. Das Spiegelbild lügt nicht.

Noch ein Beispiel: Angenommen, Sie hätten die Marotte, beim Autofahren stets einen einzelnen rechten Handschuh zu tragen. Würden Sie auf einer solchen Fahrt neben einem großen Spiegel anhalten: Was wäre dann im Spiegelbild zu sehen? Ganz klar: Ein Rechtslenker-Wagen, in dem jemand einen einzelnen linken Handschuh trägt. Das ist ähnlich kurios, aber keinesfalls unmöglich. Ihr exzentrischer Doppelgänger könnte problemlos in England herumfahren.

Mehr noch: Selbst wenn jemand das Spiegelbild des Autos als Bauplan nähme, um den Motor in allen Einzelheiten spiegelverkehrt aufzubauen – er würde anstandslos funktionieren. Die Zahnrädchen würden sich andersherum drehen und die Drahtspulen ein umgekehrtes Magnetfeld erzeugen – doch der Mechanik, der Wärmelehre und der Elektrik würde eine solche Umkehr keinen Abbruch tun. Das Spiel lässt sich beliebig fortführen. Ob Rasensprenger, Kuckucksuhr oder Smartphone: Das Spiegelbild lügt nicht. Es zeigt uns die Dinge spiegelverkehrt, doch es zeigt uns nichts grundlegend Unmögliches.

Physikerinnen und Physiker nahmen lange an, dass diese simple Wahrheit auf die gesamte Natur zutreffen müsste. Doch in den 1950er-Jahren wurde diese Gewissheit erschüttert. Die Teilchenphysik, die damals noch in den Kinderschuhen steckte, grübelte seinerzeit über dem »Theta-Tau-Rätsel«. Damit war die verwirrende Beobachtung gemeint, dass sich zwei scheinbar identische Teilchen aus unerfindlichen Gründen unterschiedlich verhielten. Mehr und mehr naheliegende Lösungen des Problems konnten ausgeschlossen werden, sodass die Erklärungsversuche immer verzweifelter wurden.

Der letzte Strohhalm war ein ungeheuerlicher Vorschlag: War in der Teilchenphysik womöglich die Parität verletzt? Hinter dem sperrigen Begriff der »Paritätsverletzung« verbarg sich die Vermutung, dass die Physik gewissermaßen einen Unterschied zwischen links und rechts machen könnte. Das widerspräche jedoch aller Erfahrung und Intuition in der Physik, denn ganz gleich ob man einen Automotor, einen Röntgenapparat oder das Sonnensystem betrachtet: Alles funktioniert bei einer spiegelbildlichen Betrachtung genauso. Bei keinem Experiment und in keiner Formel sollte ein Vertauschen aller Richtungen zugleich (also links und rechts, oben und hinten, hinten und vorne) zu einem anderen Ergebnis führen. Das hieße auch, dass ein Spiegelbild niemals etwas Unmögliches zeigen konnte – außer die Parität wäre verletzt.

Die beiden chinesischen Physiker Tsung-Dao Lee und Chen-Ning Yang gingen dieser Idee nach. Sie konnten rechnerisch zeigen, dass die elektromagnetische Kraft sowie die Starke Kernkraft hierfür nicht infrage kamen. Damit kam nur noch eine der bekannten Grundkräfte der Physik infrage: die rätselhafte Schwache Kernkraft. Sie war damals erst seit Kurzem bekannt und noch kaum erforscht. Die Schwache Kernkraft war deshalb ein willkommener Verdächtiger für unerklärliche Vorgänge in der Welt der Teilchen.

Die Theoretiker Lee und Yang waren jedoch nicht selbst in der Lage, ihre Vermutung im Experiment zu prüfen. Sie weihten deshalb die chinesisch-amerikanische Physikerin Chien-Shiung Wu in ihre Überlegungen ein. Wu war weltweit für ihr Talent als Experimentatorin bekannt und außerdem eine führende Expertin für die Untersuchung der

Schwachen Kernkraft. Sie bekam die Chance, ein für alle Mal zu klären, ob es in der Physik eine Paritätsverletzung gab – also ob Spiegelbilder lügen können.

Wu stürzte sich unverzüglich auf das vielversprechende Experiment. Sie entschied sich für eine genaue Untersuchung radioaktiver Kobalt-60-Atomkerne, denn diese senden beim Zerfallen Betastrahlung aus – eine Auswirkung der Schwachen Kernkraft. Wu wusste, dass sie die Atomkerne auf extrem niedrige Temperaturen kühlen musste, damit sie für ihre präzisen Vermessungen ausreichend stillhalten würden. Sie gastierte deshalb mit ihrem Experiment bei den Kältespezialisten des National Bureau of Standards in Maryland, USA.

In stark vereinfachter Form sah das Wu-Experiment wie folgt aus: Mithilfe einer stromdurchflossenen Spule wurde ein starkes Magnetfeld erzeugt. Darin platzierte Wu die ultrakalten Kobaltkerne. Sie machte sich dabei zunutze, dass alle Atomkerne einen Kernspin haben, wodurch sie sich wie winzige Magnete verhalten (Kapitel 9.3.). Mit dem starken Magnetfeld sorgte Wu dafür, dass sich die Kernspins der Kobalt-Atomkerne ausrichteten. In welche Richtung sie zeigen, ist im Prinzip egal – sagen wir, nach unten.

Dann schaute Wu den Kobaltkernen beim radioaktiven Zerfall zu. Wann immer ein Kern zerfiel, entstand dabei ein Elektron, dessen Flugrichtung sich mit einem geeigneten Messgerät feststellen ließ. Das Ergebnis: Die Flugrichtung der Elektronen war stets der Ausrichtung des Kernspins entgegengesetzt. Da die Kernspins in unserem Beispiel nach unten zeigten, heißt das: Alle Elektronen flogen nach oben.

So weit, so gut. Doch wie sieht dieser Vorgang im Spiegel betrachtet aus? Dann wäre die Magnetspule anders herum gewickelt und würde folglich ein umgekehrtes Magnetfeld erzeugen. Das bedeutet, dass auch die Kernspins in die entgegengesetzte Richtung zeigen würden – in unserem Beispiel also nach oben. Doch während der Spiegel die Ausrichtung der Kernspins umkehrt, tut er das mit der Flugrichtung der Elektronen nicht: was im echten Versuch nach oben fliegt, fliegt auch im Spiegelbild nach oben.

Ein Spiegel neben dem Wu-Experiment würde also ein Spiegelbild zeigen, in dem sowohl die Kernspins nach oben zeigen als auch die Elektronen nach oben davonfliegen. Diesen Vorgang lässt die Schwache Kernkraft jedoch nicht zu: Der Kernspin und die Flugrichtung der Elektronen können in der Realität niemals in dieselbe Richtung zeigen.

Der Spiegel lügt! Das Spiegelbild zeigt einen unmöglichen Vorgang – und die Parität ist verletzt.[24] Chien-Shiung Wu hatte anhand des Beta-Zerfalls von Cobalt-60 bewiesen, dass es in der Natur unmögliche Spiegelbilder gab. Kaum jemand in der Fachwelt hatte ernsthaft damit gerechnet. Selbst Wolfgang Pauli, einer der Gründerväter der Quantenphysik, sprach von einem »Schock«, nachdem er sich wieder »zusammenklauben« musste. Als eine weitere Forschungsgruppe das

---

24 Strenggenommen beschreibt die physikalische Paritätstransformation eine Umkehr aller Raumrichtungen, wodurch sich Magnetfelder und Spins rechnerisch nicht ändern – die Flugrichtung von Teilchen sich aber umkehrt. Für die vereinfachte Betrachtung in diesem Text kommt ein fiktives Spiegelbild des Wu-Experiments aber aufs Gleiche hinaus, weil es genau umgekehrt wirkt und zum selben Widerspruch führt: Im Spiegelbild ist nicht die Elektronen-Flugrichtung umgekehrt, dafür aber die Magnetfeldrichtung samt der daran ausgerichteten Kernspins.
Liebe Leserin, lieber Leser: Ich sehe Ihr Stirnrunzeln, Kopfschütteln und Schmunzeln förmlich vor mir. Verzeihen Sie mir diese Fußnote – ich musste sie einfach schreiben, nachdem ich Blut und Wasser geschwitzt habe, um diesen Zusammenhang selbst zu verstehen.

Resultat von Chien-Shiung Wu nahezu zeitgleich an einem anderen Experiment bestätigte, waren alle Zweifel ausgeräumt.

Schon im folgenden Jahr 1957 erhielten die Theoretiker Tsung-Dao Lee und Chen-Ning Yang den Physik-Nobelpreis für diese sensationelle Entdeckung. Chien-Shiung Wu, die geniale Experimentatorin, ging leer aus – völlig zu Unrecht und sehr wahrscheinlich nur, weil sie eine Frau war. Immerhin: Auch ohne Nobelpreis ist der Name von Chien-Shiung Wu – genau wie der von Lise Meitner – untrennbar mit der Geschichte der Physik verbunden.

Bleibt noch eine Frage: Warum überhaupt leistet sich die Natur – wenn auch versteckt in der Quantenwelt – unmögliche Spiegelbilder? Einen guten Grund kennt niemand. In den Lehrbüchern heißt es dazu: »Die Schwache Kernkraft ist maximal paritätsverletzend.« Aber ich kann Ihnen verraten, dass dies auch nur ein vornehmer Weg ist, um zu sagen: Ist halt so. Ich für meinen Teil finde es jedenfalls tröstlich, dass uns die Quantenphysik lehrt: Wir müssen nicht alles glauben, was wir im Spiegel sehen.

Bislang ist nicht klar, ob die Entdeckung der Paritätsverletzung einen handfesten Nutzen für uns haben wird und wie eine konkrete Anwendung dieses Wissens aussehen könnte. Doch das muss nichts heißen.

Als Eratosthenes den Umfang der Erde mithilfe von Schatten vermaß, dürfte er kaum an Raumschiffe und Satelliten gedacht haben, die den Planeten einst unablässig umkreisen würden. Als Hippolyte Fizeau mit Lampen und Zahnrädern über den Dächern von Paris hantierte, ahnte er sicherlich nichts von Glasfaser-Verbindungen, die gewaltige Mengen an Information mit annähernd Lichtgeschwindigkeit transportieren könnten.

Und auch Albert Einstein konnte sich Anfang des 20. Jahrhunderts wohl kaum vorstellen, dass Navigationssatelliten es einst jedem Erdenbewohner erlauben würden, binnen Sekunden den eigenen Standort auf den Planeten auf wenige Meter genau zu bestimmen. Dabei verdanken wir es seiner Relativitätstheorie, dass diese Technik heute so gut funktioniert – ohne sie würden die Zeitdaten, welche die Atomuhren von Bord der Satelliten zur Erde funken, keinen Sinn ergeben.

Wir Menschen können also nicht immer wissen, ob unsere Forschung bloß dazu dient, unsere Neugier zu stillen, oder ob sie den Grundstein für die nächste technische Revolution legt. Wir forschen einfach. Was soll schon schiefgehen?

Anhang

Dank

Dass es die Kolumne »Bükers Testgelände« und dieses Buch gibt, habe ich in besonderem Maße Stephan Draf, Textchef beim P.M. Magazin, zu verdanken. In guten wie in schlechten Texten erkennt er stets, was es sich wirklich zu erzählen lohnt. Mit seinem Rat und Ansporn hat er dafür gesorgt, dass aus meinen Ideen gute Texte wurden und aus diesen guten Texten nun sogar ein Buch.

Der Zweite, ohne den es dieses Buch nicht gäbe, ist der P.M.-Redakteur Martin Scheufens. Seit Jahren arbeitet er sich durch jeden meiner Texte, mal schwingenden Schrittes und mal mit der Machete. Als anspruchsvoller Redakteur und Physiker stellt er stets die richtigen Fragen. Die Kolumne bedeutet ihm ebenso viel wie mir, weshalb er genau der Richtige ist, sie auf Kurs zu halten, wenn ich es mal nicht schaffe.

Bei meiner Arbeit habe ich es oft mit der Geologie zu tun. Stets fällt mir dabei auf, wie wenig ich davon eigentlich verstehe. Zum Glück habe ich tolle Kolleginnen und Kollegen, die sich Zeit nehmen, um mir Nachhilfe zu geben. Thora Schubert hat mir die Arbeit einer Geologin im Feld erklärt und mir gezeigt, wie besonders die Entdeckung des

Vater-Sohn-Duos Luis und Walter Alvarez war. Karl Urban hat mir von Marie Tharp erzählt und mir die Bedeutung ihrer Arbeit verständlich gemacht. Ohne die Hilfe der beiden wäre dieses Buch um diese spannenden Geschichten ärmer.

Meine Frau, die doppelt so viele Physik-Abschlüsse hat wie ich, hat sich stets geduldig angehört, was ich schreiben wollte, wenn ich mal nicht wusste, wie ich es am besten schreiben sollte. Das Gleiche galt für meinen guten Freund und Kollegen Peter Kohl, der auch als Biologe gern und viel Zeit unter Physikern verbringt.

Nicht zuletzt haben mir Expertinnen und Experten dabei geholfen, den Wissensstand und die Forschung auf ihrem Gebiet richtig und möglichst vollständig zu beschreiben. Ich danke sehr herzlich Dr. Sören Kliem von der Abteilung Reaktorsicherheit am Institut für Ressourcenökologie des Helmholtz-Zentrums Dresden-Rossendorf (HZDR), Dr. Sonja Schellhammer vom OncoRay-Zentrum für Strahlenforschung in der Onkologie in Dresden, sowie Dr. Hans-Jürgen Pietzsch vom Institut für Radiopharmazeutische Krebsforschung des HZDR.

Schließlich bedanke ich mich auch bei meinem Lektor David Heim von der Penguin Random House Verlagsgruppe, mit dem die Arbeit an diesem Buch überaus angenehm und vertrauensvoll war. Falls ich noch einmal für physikalische Abwechslung zwischen zahlreichen Musiker-Biografien sorgen kann, stehe ich gern bereit!

Zeitstrahl: kleine Geschichte der Physik in 31 Experimenten

Die Geschichten in diesem Buch sind in der Reihenfolge erzählt, in der ich sie gern erzählen wollte. Auf den folgenden Seiten finden Sie die 31 Experimente außerdem in chronologischer Reihenfolge sortiert – als Einladung zu einem etwas anderen Streifzug durch die Geschichte der Physik. Die Zahlen in Klammern geben die entsprechende Kapitelnummer im Buch an.

ca. 250 v. Chr.: Archimedes überführt einen betrügerischen Goldschmied (▶ 8.1.)

1639: Der letzte Venustransit des Jahrhunderts ist der erste je beobachtete (▶ 7.1.)

1769: letzter Venustransit des Jahrhunderts, beobachtet in aller Welt (▶ 7.1.)

1846: Entdeckung Neptuns in Berlin nach Vorhersagen aus England und Frankreich (▶ 7.2.)

1851: Léon Foucault lädt in Paris dazu ein, der Welt beim Drehen zuzusehen (▶ 2.2.)

1878: Eadweard Muybridge richtet 24 Kameras auf ein einziges Pferd (▶ 8.2.)

1886: Henri Moissan sieht als erster Mensch das blasse Gelb reinen Fluors (▶ 9.1.)

1895: Wilhelm Conrad Röntgen durchleuchtet Bücher, Möbel und Anna Röntgen (▶ 4.1.)

1909: Voller Messgeräte und ohne Magnetfeld sticht die *Carnegie* in See (▶ 3.3.)

1912: Victor Hess steigt mit dem Ballon auf und findet die kosmische Strahlung (▶ 3.2.)

1930: Der Stopfen des Pechtropfenexperiments in Queensland wird entfernt (▶ 9.4.)

1938: Lise Meitner erklärt aus dem Exil die Kernspaltung und verändert die Welt (▶ 4.3.)

ca. 220 v. Chr.: Eratosthenes vermisst im Homeoffice den Umfang der Welt (▶ 2.1.)

1761: John Harrison schickt seinen Sohn mit seiner Uhr H-4 in die Karibik (▶ 3.1.)

1845: Christoph Buys Ballot stellt Blasmusiker auf einen Eisenbahnwagen (▶ 1.1.)

1849: Hippolyte Fizeau vermisst mit Lampe, Teleskop und Zahnrad das Licht (▶ 1.2.)

1861: J. Tyndall erklärt den Treibhauseffekt just als die Menschheit ihn aufdreht (▶ 10.)

1882: letzter Venustransit des Jahrhunderts, beobachtet in aller Welt (▶ 7.1.)

1887: Michelson und Morley suchen den Lichtäther und finden ihn nicht (▶ 6.1.)

1898: Marie Curie steht am Herd, um neue radioaktive Elemente zu finden (▶ 4.2.)

1910: Die Ehre des Robert Millikan steht und fällt mit seinen Öltropfen (▶ 9.2.)

1919: Arthur Eddington und eine Sonnenfinsternis machen Albert Einstein berühmt (▶ 6.2.)

1932: Carl Anderson sieht das erste Antimaterie-Teilchen um die Kurve fliegen (▶ 8.3.)

1946: Atombombenbauer Louis Slotin rutscht tödlich mit dem Schraubenzieher ab (▶ 5.1.)

1952: Marie Tharp krempelt auf dem Rücken des Atlantik die Geologie um (▶ 2.3.)

1971: Mehrere Atomuhren fliegen im Hafele-Keating-Experiment um die Welt (▶ 6.3.)

1973: Die Concorde 001 verbringt eine Stunde in totaler Sonnenfinsternis (▶ 1.3.)

1978: Anatoli Bugorski überlebt einen Protonenstrahl durch seinen Kopf (▶ 5.2.)

1980: Vater und Sohn Alvarez erklären das Ende der Dinos mit Gestein aus Italien (▶ 2.4.)

1988: John Mainstone verpasst den siebten Tropfen des Pechtropfenexperiments (▶ 9.4.)

2000: John Mainstone verpasst den achten Tropfen des Pechtropfenexperiments (▶ 9.4.)

2014: Der neunte Tropfen des Pechtropfenexperiments fällt ohne John Mainstone (▶ 9.4.)

ca. 2025: zehnter Tropfen des Pechtropfenexperiments in Queensland erwartet (▶ 9.4.)

1956: Chien-Shiung Wu untersucht Kobaltkerne und ihr gelogenes Spiegelbild (▶ 11.)

1972: P. Lauterbur und/oder R. Damadian erfinden Magnetresonanztomografie (▶ 9.3.)

1975: *Venera 9* schickt erste Bilder von der Venus und gibt umgehend den Geist auf (▶ 7.3.)

1979: John Mainstone verpasst den sechsten Tropfen des Pechtropfenexperiments (▶ 9.4.)

1986: Ein Test im Kernkraftwerk Tschernobyl führt in die Katastrophe (▶ 5.3.)

1990: Der Chicxulub-Krater wird in Mexiko entdeckt und gibt Familie Alvarez recht (▶ 2.4.)

2012: letzter Venustransit des Jahrhunderts, beobachtet von mir selbst in Hamburg (▶ 7.1.)

2016: Die Kohlendioxid-Konzentration in der Erdatmosphäre übersteigt 400 ppm (▶ 10.)

2117: nächster Venustransit erwartet, am besten jetzt Augenschutz bereitlegen (▶ 7.1.)

Quellen und Errata

Wer über die Geschichten in diesem Buch mehr erfahren möchte, findet zu jedem einzelnen Kapitel Hinweise auf die von mir verwendeten Bücher, Artikel, Dokumentationen, Interviews und weitere Quellen unter:

www.michael-bueker.de/schiefgehen

Dort werden auch eventuelle Korrekturen oder weitere Hinweise zu finden sein.